对地观测卫星定轨技术及应用

Orbit Determination Technology of Earth Observation Satellites and Its Application

赵春梅　王小亚　何正斌　著

科学出版社

北京

内 容 简 介

本书简要介绍了对地观测卫星的发展、卫星定轨的主要技术和典型卫星基本情况；阐述了时空基准的基本概念、常用的时间系统和坐标系统；论述了卫星定轨的基本理论和方法；针对具体的定轨技术和手段，详细分析了卫星激光测距(SLR)、全球卫星导航系统(GNSS)、多普勒无线电定位系统(DORIS)三种定轨技术的定轨原理，分析了影响定轨精度的因素，给出了详细的定轨策略。结合不同高度、不同类型的卫星定轨实例，阐明了定轨的基本流程、关键技术和数据处理方法，各章具有一定的独立性和完整性，便于单独查阅。

本书可供空间大地测量、天文、空间科学、导航等有关学科领域的科研人员和工程技术人员参考，也可作为高等院校有关专业师生的教学参考书和研究生教材。

图书在版编目(CIP)数据

对地观测卫星定轨技术及应用/赵春梅，王小亚，何正斌著. —北京：科学出版社，2019.5

ISBN 978-7-03-061280-9

Ⅰ. ①对… Ⅱ. ①赵…②王…③何… Ⅲ. ①测地卫星-卫星定轨 Ⅳ. ①P123.46

中国版本图书馆 CIP 数据核字(2019)第 098527 号

责任编辑：周　涵　田轶静 / 责任校对：彭珍珍
责任印制：吴兆东 / 封面设计：无极书装

科学出版社 出版
北京东黄城根北街 16 号
邮政编码：100717
http://www.sciencep.com

北京虎彩文化传播有限公司 印刷
科学出版社发行　各地新华书店经销

*

2019 年 5 月第　一　版　开本：720×1000 B5
2019 年 5 月第一次印刷　印张：13
字数：262 000
定价：98.00 元
(如有印装质量问题，我社负责调换)

前　　言

随着卫星技术与遥感、通信、导航定位、地理信息等高新技术的紧密结合，对地观测卫星已成为对地观测的重要平台。世界上多个国家已建立了面向各种应用的对地观测卫星系统，构成了对陆地、海洋、大气等各个层面的全方位、立体观测体系，相应的对地观测活动包括卫星导航定位、卫星遥感、海洋动力学和地球物理探测等。

卫星定轨是实现卫星对地观测活动的重要基础和保障。从 1964 年第一颗人造地球卫星上天以来，卫星定轨技术经过了 50 多年的发展，卫星定轨手段越来越多，定轨精度也越来越高。卫星激光测距 (Satellite Laser Ranging, SLR)、全球卫星导航系统 (Global Navigation Satellite System, GNSS) 和多普勒无线电定轨定位系统 (Doppler Orbitography and Radio-positioning Integrated by Satellite, DORIS) 作为空间大地测量中的三大高精度测量技术，是实现对地观测卫星精密定轨的重要手段。SLR 技术是利用激光脉冲来精密测量地面测站到卫星距离的观测技术，其精度从最初的米级提高到目前的厘米级乃至毫米级，基于 SLR 的卫星定轨精度可达到厘米级，同时 SLR 也是其他技术定轨的外部检核手段。DORIS 是上行无线电多普勒系统，通过测量卫星径向速率对卫星跟踪观测。目前 DORIS 多普勒测速精度可达 0.4mm/s，新一代 RINEX (Receiver Independent Exchange Format, 与接收机无关的交换格式) 相位观测数据精度可达到毫米级，DORIS 对 Jason-2、HY-2 等卫星的径向定轨精度优于 2cm。随着多个 GNSS 的建设和发展，利用分布在全球或区域的地面跟踪站，通过对伪距观测值和相位观测值的精密定轨处理，可以精确计算导航卫星的轨道；同时基于星载 GNSS 技术进行低轨卫星定轨，定轨精度可达厘米级。

本书是作者关于卫星定轨研究工作的系统总结，全面介绍了对地观测卫星定轨的基本理论和方法、实现技术手段及其具体应用。全书共 7 章，第 1 章介绍了对地观测卫星及卫星定轨技术的发展；第 2 章给出时空基准的基本概念、常用的时间系统和坐标系统；第 3 章阐述了定轨基本理论和方法；第 4 章论述了利用 SLR 数据进行卫星定轨的观测模型、数据处理策略、定轨影响因素等，给出了具体的 SLR 定轨实例；第 5 章阐述了利用 GNSS 技术进行导航卫星定轨的基本策略，分析了定轨精度影响因素，给出了不同导航卫星定轨实例；第 6 章阐述了利用星载 GNSS 技术定轨的定轨流程、数据处理策略、轨道预报方法，分析了星载 GNSS 接收机天线相位偏差及其变化的解算方法，给出了具体星载 GNSS 定轨实例；第 7 章给出了 DORIS 技术定轨的观测模型，分析了定轨精度的影响因素，探讨了多种技术综合定轨的方法，给出了具体的定轨实例。

本书的研究工作得到了国家自然科学基金项目"基于 GNSS/SLR 并置观测的地心运动解析"(41774013)、"基于星地链路和星间链路的导航卫星联合定轨关键算法研究"(41274018)、"非完好条件下低轨遥感卫星精密定轨关键技术研究"(41074012)、"基于卫星激光测距的时空基准增强研究"(11973073)、"先进的 SLR 数据处理规范及其高精度的天文测地应用研究"(11173048)、科技部基础性工作专项"人卫激光测距数据及相关大地基准产品规范"(2015FY310200)、国家重点研发计划课题"毫米全球历元地球参考框架 (ETRF) 构建技术"(2016YFB0501405)、上海市空间导航与定位技术重点实验室 (06DZ22101) 以及中国测绘科学研究院基本科研业务费项目"低轨卫星增强 GNSS 定位关键技术研究"(7771818) 的资助。本书的研究工作使用了北京房山人卫激光国家野外科学观测研究站的 SLR 及 GNSS 观测数据。

研究团队长期以来的研究及成果为本书的撰写奠定了坚实的基础。参与本书相关内容研究的博士生和硕士生有盛传贞、邵璠、李冉、吴琼宝、袁俊军、高园园、李晓波和唐龙江，在此一并表示感谢！

由于作者水平有限，不妥之处恳请读者批评指正。

作 者

2019 年 3 月

目　　录

前言
第 1 章　绪论 ··· 1
　1.1　对地观测卫星 ··· 1
　　　1.1.1　导航卫星 ··· 1
　　　1.1.2　测高卫星 ··· 2
　　　1.1.3　重力卫星 ··· 3
　　　1.1.4　地球资源卫星 ··· 3
　　　1.1.5　地球动力学卫星 ·· 4
　1.2　对地观测卫星定轨技术 ··· 4
　　　1.2.1　SLR 技术 ·· 4
　　　1.2.2　DORIS 技术 ·· 6
　　　1.2.3　GNSS 技术 ·· 7
　1.3　定轨试验卫星概况 ·· 8
　　　1.3.1　Lageos 卫星 ·· 8
　　　1.3.2　Ajisai 卫星 ··· 9
　　　1.3.3　Jason 卫星 ·· 10
　　　1.3.4　HY-2 卫星 ··· 11
　　　1.3.5　ZY3 卫星 ·· 12
　　　1.3.6　FY-3 卫星 ··· 12
　参考文献 ·· 13
第 2 章　卫星定轨时空基准 ·· 14
　2.1　时空基本概念 ··· 14
　　　2.1.1　时刻与时间间隔 ·· 14
　　　2.1.2　时间基准 ··· 14
　　　2.1.3　天球 ·· 14
　　　2.1.4　岁差 ·· 16
　　　2.1.5　章动 ·· 17
　　　2.1.6　极移 ·· 18
　2.2　时间系统 ·· 19
　　　2.2.1　世界时 ··· 19

    2.2.2 原子时 ··· 20
    2.2.3 力学时 ··· 20
    2.2.4 协调世界时 ··· 21
    2.2.5 GNSS 时间系统 ·· 21
    2.2.6 历元表示 ··· 22
  2.3 坐标系统 ·· 23
    2.3.1 天球坐标系 ·· 23
    2.3.2 地球坐标系 ·· 24
    2.3.3 轨道坐标系 ·· 25
    2.3.4 卫星坐标系 ·· 27
    2.3.5 RTN 坐标系 ·· 27
    2.3.6 测站坐标系 ·· 27
  参考文献 ··· 28
第 3 章 卫星运动方程及定轨方法 ·· 29
  3.1 卫星运动方程 ·· 29
  3.2 卫星受力分析 ·· 30
    3.2.1 二体问题作用力 ·· 30
    3.2.2 N 体摄动 ·· 30
    3.2.3 地球引力位系数有关的摄动 ··· 31
    3.2.4 月球扁率摄动与地球扁率间接摄动 ································ 33
    3.2.5 广义相对论摄动 ·· 34
    3.2.6 太阳辐射压摄动 ·· 35
    3.2.7 地球辐射压摄动 ·· 36
    3.2.8 大气阻力摄动 ··· 37
    3.2.9 经验力摄动 ·· 37
    3.2.10 其他摄动力 ·· 38
  3.3 轨道数值积分 ·· 38
  3.4 参数估计方法 ·· 39
    3.4.1 观测方程的线性化 ·· 39
    3.4.2 参数估计方法简述 ·· 41
  3.5 轨道精度评定 ·· 43
    3.5.1 观测资料的拟合程度 ··· 43
    3.5.2 重叠弧段检验 ·· 44
    3.5.3 弧段端点的衔接程度 ··· 44
    3.5.4 独立轨道比较 ·· 45

3.5.5 站星观测检核 ·· 45
参考文献 ·· 45

第4章 SLR技术卫星定轨 ·· 46
4.1 概述 ··· 46
4.2 SLR观测模型 ·· 48
   4.2.1 观测方程 ·· 48
   4.2.2 误差改正 ·· 48
4.3 SLR数据处理策略 ··· 55
   4.3.1 SLR数据预处理策略 ······································ 55
   4.3.2 SLR数据加权策略 ··· 55
   4.3.3 SLR定轨控制卡 ·· 57
   4.3.4 SLR精密定轨约束和解算参数 ························ 61
4.4 SLR定轨精度影响因素分析 ································· 62
   4.4.1 SLR数据数量和质量因素 ······························· 62
   4.4.2 SLR测站分布影响 ··· 67
   4.4.3 卫星质心改正模型影响 ·································· 68
   4.4.4 对流层延迟改正模型影响 ······························ 72
   4.4.5 重力场模型影响 ·· 73
   4.4.6 海潮和海潮负荷模型影响 ······························ 76
   4.4.7 不同参考框架影响 ··· 78
   4.4.8 SLR数据处理策略影响 ·································· 79
4.5 SLR定轨实例 ·· 83
   4.5.1 Lageos卫星精密定轨与精度分析 ···················· 83
   4.5.2 Ajisai卫星精密定轨与精度分析 ····················· 84
   4.5.3 HY-2卫星定轨与精度分析 ····························· 88
参考文献 ·· 89

第5章 地基GNSS技术卫星定轨 ·································· 93
5.1 概述 ··· 93
5.2 函数模型与随机模型 ·· 93
   5.2.1 观测方程 ·· 93
   5.2.2 随机模型 ·· 94
5.3 主要误差源与改正模型 ·· 95
   5.3.1 与卫星有关的误差 ··· 96
   5.3.2 与测站有关的误差 ··· 98
   5.3.3 与信号传播有关的误差 ·································· 99

5.4 GNSS 卫星轨道确定 ············ 101
5.4.1 观测数据预处理 ············ 102
5.4.2 卫星初始轨道确定 ············ 105
5.4.3 精密轨道确定 ············ 106
5.4.4 轨道预报 ············ 112
5.5 数据质量评估 ············ 114
5.5.1 GNSS 数据质量评估指标 ············ 114
5.5.2 卫星可见数及 DOP 值分析 ············ 116
5.5.3 多路径误差分析 ············ 118
5.5.4 信噪比分析 ············ 120
5.5.5 周跳分析 ············ 123
5.6 定轨精度影响因素分析 ············ 123
5.6.1 太阳光压模型影响 ············ 123
5.6.2 天线相位中心改正模型影响 ············ 126
5.7 GNSS 卫星定轨实例 ············ 130
5.7.1 单系统定轨 ············ 130
5.7.2 多系统联合定轨 ············ 133
参考文献 ············ 135

第 6 章 星载 GNSS 技术卫星定轨 ············ 138
6.1 概述 ············ 138
6.2 星载 GNSS 观测模型 ············ 139
6.2.1 观测方程 ············ 140
6.2.2 几种常用的线性组合 ············ 140
6.2.3 主要误差源与改正模型 ············ 141
6.3 数据质量评估 ············ 143
6.3.1 数据可靠性度量 ············ 143
6.3.2 数据质量评估指标 ············ 145
6.3.3 实测数据质量评估 ············ 146
6.4 数据处理策略 ············ 154
6.4.1 数据预处理 ············ 154
6.4.2 力学模型及参数设置 ············ 156
6.4.3 定轨基本流程 ············ 159
6.4.4 轨道预报方法 ············ 160
6.5 星载 GNSS 接收机天线相位中心偏差及变化建模 ············ 162
6.5.1 概述 ············ 162

6.5.2　天线相位中心偏差对卫星定轨的影响 ································ 163
　　6.5.3　天线相位中心偏差建模 ··· 165
　　6.5.4　天线相位中心变化建模 ··· 167
6.6　星载 GNSS 定轨实例 ·· 171
　　6.6.1　ZY3 卫星精密定轨 ··· 171
　　6.6.2　FY-3 卫星精密定轨 ·· 176
参考文献 ··· 178

第 7 章　DORIS 技术卫星定轨 ··· 180
7.1　概述 ··· 180
7.2　观测模型 ··· 181
　　7.2.1　数据格式及转换 ·· 181
　　7.2.2　观测方程 ·· 182
　　7.2.3　误差改正 ·· 183
7.3　定轨影响因素分析 ·· 183
　　7.3.1　重力场模型对定轨精度的影响 ·· 183
　　7.3.2　天线相位偏差模型对定轨精度的影响 ································· 186
　　7.3.3　对流层模型对定轨精度的影响 ·· 188
　　7.3.4　解算 ERP 参数对定轨精度的影响 ······································ 188
7.4　多种技术综合定轨 ·· 190
　　7.4.1　综合定轨方法 ·· 190
　　7.4.2　综合定轨实例 ·· 193
参考文献 ··· 196

第1章 绪 论

1.1 对地观测卫星

对地观测指的是利用航空航天飞行器和地面各类平台所搭载的光电仪器对人类生存所及的地球环境及人类活动进行的各种探测活动 (林宗坚等, 2011)。随着卫星技术与遥感、通信、导航定位、地理信息等高新技术的紧密结合, 对地观测卫星已成为对地观测的重要平台。世界上多个国家已建立了面向各种应用的对地观测卫星系统, 构成了对陆地、海洋、大气等各个层面的全方位、立体观测体系, 对地观测活动主要包括卫星导航定位、卫星遥感和地球物理探测等。针对不同的卫星任务, 对地观测卫星系列包括导航卫星、测高卫星、重力卫星、地球资源卫星、地球动力学卫星等。

1.1.1 导航卫星

导航卫星是为地面、海上、空中和空间用户提供导航定位参数的专用卫星。导航卫星上装有专用的无线电导航设备, 用户接收导航卫星发来的无线电导航信号, 通过时间测距或多普勒测速获得用户相对于卫星的距离或距离变化率等导航参数, 并根据卫星发送的时间、轨道参数, 求出在定位瞬间卫星的实时位置坐标, 从而定出用户的地理位置坐标 (二维或三维坐标) 和速度矢量分量。由数颗导航卫星构成导航卫星网 (导航星座), 具有全球和近地空间的立体覆盖能力, 可实现全球导航定位。截至目前, 已建成或正在建设的全球卫星导航系统有美国的 GPS、俄罗斯的 GLONASS、欧洲的 Galileo 和中国的 BDS, 此外还有区域卫星导航系统, 如日本的 QZSS(Quasi-Zenith Satellite System)、印度的 IRNSS(Indian Regional Navigational Satellite System) 等。

GPS 是国际上发展最为成熟的卫星导航系统。GPS 星座由 24 颗中地球轨道 (MEO) 卫星组成, 分布在与地球赤道夹角为 55°、轨道高度为 20200km 的 6 个轨道面上, 每个轨道面上非均匀地分布着 4 颗卫星。利用分布在全球的地面监测站, 基于伪距相位的数据处理模式, 实现 GPS 卫星的精密定轨和钟差解算。目前 GPS 广播星历精度优于 5m, 事后精密定轨精度优于 5cm。部分 GPS 卫星上安装了卫星激光测距 (Satellite Laser Ranging, SLR) 反射器, 可以通过 SLR 技术进行卫星辅助定轨或轨道精度检核。截至 2019 年 4 月 1 日, GPS 二代卫星在轨正常工作 31 颗, GPS 三代测试星 1 颗。

GLONASS 系统星座由 24 颗 MEO 卫星组成，在与地球赤道夹角为 64.8°、轨道高度为 19100km 的 3 个轨道面上，每个轨道面上均匀地分布着 8 颗卫星。虽然 GLONASS 的地面跟踪站没有在全球布设，但俄罗斯国土面积东西跨度很大、跟踪站的分布也相当广，而且卫星上装有 SLR 反射器，可以利用高精度的 SLR 对其进行跟踪。目前 GLONASS 广播星历精度为 10~25m，事后精密定轨精度为 15cm。截至 2019 年 4 月 1 日，在轨正常工作卫星 23 颗，在轨维护卫星 1 颗 (https://glonass-iac.ru)。

Galileo 系统星座由 30 颗 MEO 卫星组成，在与地球赤道夹角为 56°、轨道高度为 23222km 的 3 个轨道面上，每个轨道面上均匀地分布着 10 颗卫星，整个星座中有 27 颗工作星和 3 颗备份星，目前处在系统建设阶段。截至 2019 年 4 月 1 日，在轨正常工作卫星 22 颗 (https://www.gsc-europa.eu)。

BDS 系统经历了北斗一号、北斗二号的发展，目前正在建设北斗三号全球卫星导航系统。北斗三号星座是由若干地球静止轨道 (GEO) 卫星、倾斜地球同步轨道 (IGSO) 卫星和 MEO 卫星组成的混合星座。目前，我国已建成由 8 个国内监测站和 15 个国外监测站组成的国际 GNSS 监测评估系统 (iGMAS)，具备对 BDS、GPS、GLONASS 和 Galileo 四大导航系统进行监测评估的能力，并推进了 IGMA-IGS 联合试验项目及中俄监测评估合作。截至 2019 年 4 月 1 日，BDS 二代卫星正常工作 15 颗，三代卫星在轨正常工作 18 颗，测试状态卫星 5 颗 (http://www.csno-tarc.cn/system/constellation)。

1.1.2 测高卫星

卫星测高是利用卫星平台上搭载的雷达测高计或激光测高计测量卫星到地球表面或海洋表面距离的一种大地测量技术。

卫星雷达测高通过实时测量卫星至海面的高度、有效波高和后向散射系数，进行数据处理和分析，开展大地测量学、地球物理学和海洋动力学等研究 (Fu et al., 2001)。卫星测高是一种空间大地测量技术和方法，卫星作为一个移动平台，平台上的传感器发射雷达频域的已知能量的微波脉冲至地面，脉冲遇到粗糙的地面，部分入射脉冲反射回测高计，测高计接收地面反射回来的回波信号，计算脉冲往返卫星和地面的时间间隔，理想情况下时间间隔的一半乘以光速就得到卫星至星下点反射面的距离 (王广运等，1995)。美国在 1973 年发射的 "天空实验室"(Skylab) 上装载了世界上第一个航天器上应用的雷达高度计，随后欧美等发达国家经过 40 多年的持续投入，使卫星雷达测高技术得到了长足的发展。目前，美国的雷达测高卫星以 Jason 系列为代表，正在形成卫星雷达测高观测体系。我国在 2011 年 8 月发射了首颗雷达测高卫星 HY-2A，其主要目的就是探测海洋动力学环境、监测海面风场、海面高度和海面温度等。

利用卫星跟踪观测数据，进行测高卫星精密定轨，获得卫星的径向距离，从而计算出海面高度。卫星轨道是星载测高计进行测量的参考基准，任何轨道误差都将直接引入海面高度的测量值中。因此，测高卫星都搭载有卫星跟踪观测设备，实现厘米级甚至更高精度的径向精密定轨 (郭金运等，2013)。测高卫星上一般搭载星载GNSS接收机、SLR反射器、DORIS接收机等多种观测设备，可使用多种观测手段实现卫星精密定轨。

1.1.3 重力卫星

重力卫星是观测地球重力场变化的卫星。通过分析卫星的轨道摄动来反演地球重力场模型；通过观测和分析卫星轨道的变化，研究地球重力场的结构。重力卫星轨道较低，一般在200~500km。卫星重力测量技术由于其效率高，不受自然环境及政治因素等影响的特点，可实现全球静态及时变重力场的测量，从而为地球重力场和大地水准面中长波分量的高精度测定提供高效的获取方式。自2000年以来，欧美等发达国家实施了基于卫星跟踪卫星 (Satellite-Satellite Tracking, SST) 技术和卫星重力梯度 (Satellite Gravity Gradiometry) 技术的地球重力卫星任务，先后发射了Champ、GRACE和Goce等重力卫星。这类卫星搭载了星载GNSS接收机和SLR反射器，用以对卫星进行精密定轨。

1.1.4 地球资源卫星

地球资源卫星是和人类生活联系最密切、在国民经济中应用潜力最大的实用型卫星之一，具有数十种不同的用途，广泛应用于农业、海洋、能源、地质等各个领域。地球资源卫星装有各种遥感仪器，为了获得高质量的遥感图像和实现全球覆盖，地球资源卫星通常发射到太阳同步轨道上。

美国的陆地卫星系列、法国的斯波特系列、俄罗斯的资源卫星系列、日本的芙蓉系列、欧洲的遥感卫星系列、中国的资源卫星系列等都是当今有名的地球资源卫星。这类卫星的形状一般是不规则的，所以作用到卫星上的大气阻力和太阳辐射压等都很大。

2012年1月和2016年5月，我国相继发射了民用立体测图卫星资源三号01星和02星 (ZY3-01和ZY3-02)，卫星集测绘和资源调查功能为一体，进行中小比例尺地图修测和更新，开展国土资源调查与监测 (赵春梅等，2013)。ZY3-02星上搭载了国内首台对地观测激光测高试验性载荷，主要用于测试激光测高仪的硬件性能，探索高精度高程控制点数据获取的可行性，以及采用该数据辅助提高光学卫星影像无控立体测图精度的可能性。

地球资源卫星上配备一般星载GNSS接收或SLR反射器，用以对卫星进行精密定轨。

1.1.5 地球动力学卫星

地球动力学卫星是用于地球动力学的研究,主要的地球动力学卫星有法国的 Starlette 和 Stella、美国的 Lageos、日本的 Ajisai、俄罗斯的 Etalon 等,这类卫星是 SLR 技术的主要合作目标,通常是实心的球体,其表面布满了后向角反射器。这类卫星的面质比较小,受大气阻力摄动的影响较小,卫星定轨精度高;同时卫星的形状规则、反射均匀,使得对它们的距离测量可以高精度地归算到它们的质心。这类卫星在全球框架维护、地球自转参数解算等应用领域发挥了重要作用。

Lageos 卫星是国际卫星激光测距网对各测站激光观测数据进行质量控制的主要卫星,是美国国家航空航天局 (NASA) 发射的专门用于高精度激光测距的卫星,一共有两颗,分别于 1976 年和 1992 年发射。基于轨道动力学和高精度的激光观测数据,Lageos 卫星能测定地球板块运动、考察地震发生机制,目前主要用于地壳运动、区域应变、断层运动、极地运动和地球自转变化、固体地球潮汐以及与地震评估等有关的研究。由于 Lageos 卫星具有高面质比和稳定的几何形状,且轨道高度为 5900km,所以利用 SLR 技术可以获得高精度的卫星轨道。

1.2 对地观测卫星定轨技术

对地观测卫星定轨技术主要包括 SLR 技术、DORIS 技术和 GNSS 技术等。

1.2.1 SLR 技术

SLR 技术是 20 世纪 60 年代初由 NASA 发起的一项旨在利用空间技术来研究地球动力学、大地测量学、地球物理学和天文学等的技术手段。自 1960 年世界上第一台红宝石激光器问世不久,以精密测定地面观测站至卫星的距离为主要功能的激光测距技术便随之诞生了。1964 年 10 月,美国通用电气公司和哥达德空间飞行中心 (GSFC) 先后成功利用红宝石激光器测到了由 NASA 于当月发射的国际上第一颗安装有后向反射棱镜的人造地球卫星 Beacon-B 的距离。1969 年 11 月,阿波罗 11 号 (Apollo 11) 载人飞船登陆月球,在月球上放置了第一个后向反射棱镜。之后,月球激光测距 (Lunar Laser Ranging, LLR) 和 SLR 同样得到发展。

SLR 作为一项综合技术,经过 50 多年的发展,涵盖了激光、电子、微光探测、自动控制、精密光学机械、天文测量和卫星轨道计算等多个学科领域,各学科的快速发展推动了 SLR 技术的进步。在测距精度上,从最初的米级逐步提高到分米级、厘米级、亚厘米级,并向毫米级发展。在测距能力上,从最初的一两千千米提高到了万千米以上,LLR 可以达到 38 万千米的距离。在测距方式上,一般采用单色激光测距,现在国内外正在大力研制双色激光测距和多色激光测距。在自动化程度上,最初是人工目视跟踪,后来发展为采用计算机控制实现自动跟踪,现在已经实现了无人值守的全自动 SLR 观测。在 SLR 测站建设上，早期只有几个固定站，20 世纪 70 年代 NASA 研制了 SLR 流动站，目前全球有 50 多个 SLR 测站，分布在地球上除南极洲外的地区，这些测站分属于美国 NASA 网、欧洲网和西太平洋网。大部分测站分布在北半球，北半球的测站又集中于美国、西欧和中国，如图 1.2.1 所示。目前有些测站已经关闭了，通常每周仅有 20 多个站有观测。我国现有上海、长春、北京、昆明、西安、武汉 6 个 SLR 固定站，1 个流动站 (曾在新疆、西藏流动，目前在威海) 和 1 个境外阿根廷站。

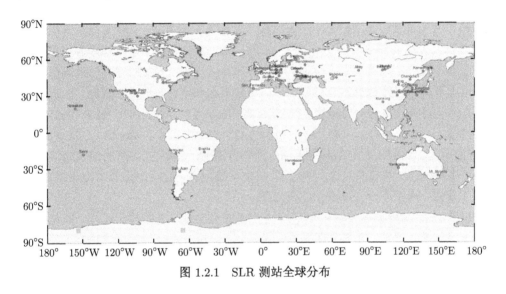

图 1.2.1 SLR 测站全球分布

为了协调 SLR 跟踪观测、技术发展和科学应用，在国际大地测量协会 (International Association of Geodesy, IAG)、国际天文联合会 (International Astronomical Union, IAU) 与空间研究委员会 (Committee on Space Research, COSPAR) 联合成立的大地测量和地球动力学空间技术协调委员会 (Commission for Coordination of Space Techniques for Geodesy and Geodynamics, CSTG) 和国际地球自转和参考系服务组织 (International Earth Rotation and Reference Systems Service, IERS) 基础上成立了国际激光测距服务组织 (International Laser Ranging Service, ILRS)(https://ilrs.gsfc.nasa.gov)。

SLR 使用的激光器经历了红宝石调 Q 激光器、Nd:YAG 调 Q 倍频激光器、Nd:YAG 锁模激光器、SFUR Nd:YAG 锁模激光器以及采用半导体激光泵浦的各类激光器件。光电接收器包括光电倍增管、静电交叉场光电倍增管、微通道板光电倍增管、单光子雪崩二极管接收器、条纹相机接收系统。

在 SLR 中，很多情况下卫星回波十分微弱，一般采用滤波技术提高测距成功率,即光谱滤波、空间滤波、时间滤波和幅度滤波。通过滤波,不仅可以在晚上进行测距,而且还实现了白天测距。

SLR 跟踪机架可以是赤道式,也可以是地平式。国际上实际采用的跟踪机架几乎都是地平式。这种机架的优点是稳定性好,水平轴在跟踪过程中处于等弯沉状态,容易达到较高的指向精度。但当天顶附近的卫星方位角速度较大时,该型机架有时会跟踪不上。同时,地平式机架的折轴光路必须有较多的反光镜,会产生一定的激光能量损耗 (叶叔华等,2000)。

激光测距卫星 (简称激光卫星) 是指安装有后向反射棱镜的人造地球卫星。激光卫星可分为四类:① 地球动力学卫星。这类卫星是 SLR 主要的合作目标,通常是球体,表面布满角反射器,面质比小,测距精度较高,定轨精度好,如 Ajisai、Etalon、Lageos、GFZ、Starlette、Stela、Westpac 和 LARES 等。② 地球遥感卫星。这类卫星一般搭载有科学仪器,开展对地观测和研究,形状不规则,轨道高度较低,一般要求较高的定轨精度,如 Geos-3、SEASAT、GEOSAT、ERS、TOPEX/Poseidon、GFO、Jason、ENVISAT、ICESAT、CRYOSAT、HY-2A、SARAL 等。③ 导航卫星。这类卫星一般轨道较高,形状不规则,要求有很高的定轨精度,如 GPS、GLONASS、Galileo、北斗等。④ 科学试验卫星。这类卫星通常为短期观测,形状不规则,高度不一,如 Tips、Zeya 等。

SLR 跟踪观测数据包含多项系统误差和随机误差。诸如频标误差、地靶定标误差、卫星质心改正、大气改正等系统误差,一般通过建模或者标定进行改正。通过标准点 (Normal Point) 技术和多次平均减小随机误差。

随着激光卫星的不断增加、SLR 技术的不断进步、测站的增加及其运行,SLR 跟踪数据已经积累了几十年,在地球科学中获得了良好应用。基于 SLR 的精密定轨精度可达到厘米级,同时 SLR 也可作为其他技术定轨的外部检核。利用 SLR 技术建立的三维地心坐标框架精度可以达到毫米级。SLR 也用于精确测定地球自转参数,研究低阶地球重力场及其时变和地心运动 (赵春梅等,2016;郭金运等,2014)。

1.2.2 DORIS 技术

DORIS 是由法国空间研究中心 (CNES) 联合法国空间测地研究院 (GRGS) 和法国地理研究所 (IGN) 于 20 世纪 80 年代设计建设的卫星跟踪系统,主要用于低轨卫星高精度定轨和地面目标精确定位。DORIS 是一个上行链路多普勒电波系统,通过测量卫星径向速率进行对卫跟踪观测。SPOT 系列卫星、T/P、Jason-1/2、ENVISAT、CRYOSAT-2、HY-2A 和 SARAL 等卫星都搭载了 DORIS 接收机,进行卫星精密定轨。

目前在全球均匀分布着近 60 个 DORIS 地面信标站,如图 1.2.2 所示。DORIS 采用较高的射电频率 (2036.25MHz 和 401.25MHz) 和超稳定的晶体振荡器,实现了地面钟和卫星钟的严格同步,速度测量噪声很低 (0.3mm/s),因此 DORIS 在低轨卫星精密定轨、地球参考框架建立与维持、地球自转、地球重力场和电离层等研究中得到了良好的应用。

图 1.2.2   DORIS 信标站全球分布

作为一种空间大地测量技术,DORIS 在卫星定轨和导航以及地面站点定位等方面得到了良好的应用。基于 DORIS 的 TOPEX/Poseidon 卫星径向轨道定轨结果与 SLR 测距之差达到了 2cm,因此 DORIS 和 SLR 也作为 Jason 卫星的标准定轨系统。基于 DORIS 的 SPOT-4 卫星实时定轨精度达到米级,这也是世界上首次实时定轨达到该精度。自从 1994 年以来,随着近 60 个永久信标站的建成,DORIS 在 IERS 执行的国际地球参考框架 (International Terrestrial Reference Frame, ITRF) 实现和维持中发挥了重要作用。地面站点的三维位置和速度分别达到了厘米级和 mm/a 的精度。利用 DORIS 可以研究地心运动,监测地球流体圈层质量再分布的季节性效应,监测验潮站附近的地壳垂直位移,这些资料可用于全球变化和海平面变化的研究。

2003 年 7 月,IAG 执行委员会决定成立国际 DORIS 服务组织 (International DORIS Service, IDS),通过 DORIS 数据和产品,为大地测量、地球物理以及其他科研活动提供支持 (https://ids-doris.org)。

1.2.3 GNSS 技术

GNSS 技术包括地基 GNSS 技术和星载 GNSS 技术。地基 GNSS 技术是利用位于地球表面的 GNSS 接收机,接收 GNSS 卫星导航信号的,主要用于导航卫星的精密定轨和导航定位。星载 GNSS 技术是利用安装在低轨卫星上的 GNSS 接收机接收到的 GNSS 卫星信号,实现低轨卫星的精密定轨和重力场反演等。地基和星载 GNSS 接收机可以接收到的导航卫星信号包括 GPS、GLONASS、Galileo 和 BDS 等。利用分布在全球或区域的地面跟踪站,通过对伪距观测值和相位观测值的精密处理,可以精确计算卫星轨道、地面测站坐标、对流层模型参数和电离层模型参数等,开展导航定位、地球动力学和空间天气等多项研究和应用。

为支持大地测量和地球动力学研究,IAG 于 1993 年开始组建国际 GPS 服务 (International GPS Service, IGS) 组织,1994 年 1 月 1 日正式运行。随着 GLONASS 等其他全球卫星导航定位系统的建成及投入使用,国际 GPS 服务也扩大了工作范围,并改称为国际 GNSS 服务 (International GNSS Service),但仍缩写为 IGS。国际 GNSS 服务组织下设的各分析中心,利用全球布设的 IGS 跟踪网提供的丰富且地理分布均匀的跟踪数据,采用高精度 GNSS 数据处理软件计算 GNSS 卫星的精密轨道和钟差,最后由分析中心协调机构综合各分析中心的结果,形成 IGS 对外发布的轨道和钟差等产品,以服务于全球科研、教育和其他行业 (周建华等,2015)。目前 IGS 包括近 500 个连续跟踪站。IGS 的轨道产品主要包括超快速产品 (Ultra-Rapid)、快速产品 (Rapid) 以及最终产品 (Final) 三类。

GNSS 技术也为低轨卫星的全天候和连续跟踪提供了可能。早在 GPS 技术试验阶段,就开始了星载 GPS 测轨技术的研究。1982 年首次在 Landsat-4 卫星上实施了星载 GPS 试验,测轨精度只有几十米。1992 年发射的测高卫星 T/P 上安装了 GPS 接收机 GPSDR,进行了星载 GPS 定轨试验,获得成功。地球观测系列卫星 EOS-A、EOS-B 和一系列航天飞机上也都搭载了 GPS 接收机。随后的多颗低轨卫星都安装了星载 GPS 接收机,如 MicroLab-1、GFO、SUNSAT、CHAMP、SAC-C、Jason-1、GRACE、ICESAT、Jason-2、HY-2A 等。为了掌握星载 GPS 的数据处理和定轨能力,2002 年 5 月,IGS 组织实施了低轨卫星精密定轨计划 (LEO POD Pilot Project, IGS LEO PP),基于卫星轨道动力学,进行了利用星载 GPS 的低轨卫星精密定轨、轨道评估、轨道整合、星载 GPS 数据分析等研究。如今有些卫星上搭载的接收机,除了接收 GPS 信号外,还可以接收其他卫星导航系统的信号,如我国的气象卫星 FY-3 上的星载接收机还可以接收 BDS 信号。

1.3 定轨试验卫星概况

本书利用不同的定轨技术对当前的一些卫星进行了定轨试验与结果分析,本节介绍定轨试验中涉及的卫星概况。

1.3.1 Lageos 卫星

Lageos (Laser Geodynamics Satellite) 卫星是美国发射的激光测地卫星,用来进行高精度的测地应用研究和地球参考框架的确定等。美国共发射了两颗 Lageos 卫星。Lageos-1 卫星由 NASA 设计,是 NASA 首颗专用高精度激光动力学卫星;Lageos-2 卫星是在 Lageos-1 卫星基础上研制的,由意大利航天局 (ASI) 制造。

Lageos-1 卫星和 Lageos-2 卫星形状相似,为球形,直径相同,质量相近,轨道高度、周期基本一致,但轨道倾角不同,Lageos-1 卫星采用逆行轨道,Lageos-2 卫星采用顺行轨道。卫星表面装有 426 块角反射镜,用以反射从地球站发射的激光束,其中 422 块由石英玻璃制成,4 块由锗制成。Lageos 卫星为无源卫星,卫星上没有配备敏感器、电子设备和轨道控制系统。卫星结构如图 1.3.1 所示,卫星主要参数如表 1.3.1 所示。

图 1.3.1　Lageos 卫星结构

表 1.3.1　Lageos 卫星参数

项目	Lageos-1	Lageos-2
卫星直径/cm	60	60
角反射器数量/块	426	426
形状	球形	球形
质量/kg	406.965	405.38
轨道倾角/(°)	109.84	52.64
偏心率	0.0045	0.0135
近地点高度/km	5860	5620
远地点高度/km	5960	5960
轨道周期/min	225	223
在轨寿命	数十年	数十年

1.3.2　Ajisai 卫星

Ajisai 卫星是日本的大地试验卫星,于 1986 年发射。其卫星表面由 1436 块激光反射器阵和 318 块镜子组成,形状像一个绣花球,如图 1.3.2 所示,卫星主要参数如表 1.3.2 所示。Ajisai 卫星的主要任务是通过精确的 SLR 测量确定许多孤立的日本列岛的确切位置,建立日本的大地原点。Ajisai 卫星是 SLR 观测的主要卫星之一,获得的 SLR 观测值用于地球坐标框架构建、地球重力场确定、地球板块运动研究等应用。

图 1.3.2 Ajisai 卫星结构图

表 1.3.2 Ajisai 卫星参数

项目	描述
反射镜阵列直径/cm	215
反射器阵形状	球形
角反射器数量	1436（+ 318 块镜子）
轨道	圆形
轨道倾角/(°)	50
偏心率	0.001
近地点高度/km	1490
轨道周期/min	116
质量/kg	685

1.3.3 Jason 卫星

Jason-1 卫星是 NASA 和 CNES 继 TOPEX/Poseidon(T/P) 卫星后合作研制的海洋测高卫星，于 2001 年 12 月发射，接替已经运行了 9 年的 T/P 卫星，继续对全球海平面进行高精度的实时监测，同时为全球洋流变化和气候研究积累更长时间序列的数据。Jason-1 卫星采用了与 T/P 卫星相同的轨道设计，卫星上搭载了 DORIS 接收机、GPS 接收机及激光反射器等多种载荷支持精密定轨。

Jason-2 卫星是 NASA 和 CNES 继 T/P 卫星、Jason-1 卫星合作研制的又一颗海洋测高卫星，于 2008 年 6 月发射，接替 Jason-1 卫星继续对全球海平面进行高精度实时监测，以探求海洋和大气之间的关系，构建高精度的海洋预报模型，提升全球天气预报能力。Jason-2 卫星采用了与 Jason-1 卫星相同的轨道设计，其轨道高度为 1330km，倾角为 66°。Jason-2 卫星上配备了 DORIS 接收机、GPS 接收机和激光反射器，用以对卫星进行精密定轨。

1.3 定轨试验卫星概况

Jason-3 卫星是继 T/P 卫星、Jason-1 卫星、Jason-2 卫星后由 NASA 和 CNES 研制的又一颗海洋测高卫星，于 2016 年 1 月发射，用于监测全球海洋循环、气候变化和海平面上升。Jason-3 卫星采用了与 Jason-1 卫星、Jason-2 卫星相同的轨道设计，卫星上配备了 DORIS 接收机、GPS 接收机和激光反射器，用以对卫星进行精密定轨。

Jason 卫星主要参数如表 1.3.3 所示。

表 1.3.3 Jason 卫星参数

项目	Jason-1	Jason-2	Jason-3
反射镜阵列直径/cm	16	16	16
反射器阵形状	球形	球形	球形
角反射器数量	9	9	9
轨道	圆形	圆形	圆形
轨道倾角/(°)	66	66	66
偏心率	0.000	0.000	0.000
近地点高度/km	1336	1336	1336
轨道周期/min	112	112	112
质量/kg	500	500	500

1.3.4 HY-2 卫星

HY-2 卫星是我国海洋遥感卫星系列，包括四个卫星计划：HY-2A(2011)，HY-2B(2018)，HY-2C 和 HY-2D，是太阳同步卫星，开始两年是 14 天周期，后面一年是 168 天周期的大地轨道。HY-2 卫星上配备了多个载荷，包括 Ku 和 C 波段的双频雷达高度计、微波成像仪和散射计，包括 DORIS、GPS 接收机和激光反射器阵，目的是测量海面风场、海面高度和海洋表面温度进而监控动态海洋环境 (https://ilrs.gsfc.nasa.gov/missions/satellite_missions/current_missions/hy2a_general.html)。

HY-2 卫星主要参数见表 1.3.4。

表 1.3.4 HY-2 卫星参数

项目	HY-2A	HY-2B	HY-2C	HY-2D
反射器阵形状	球形	球形	球形	球形
角反射器数量	9	9	9	9
反射器半径/mm	16.5	16.5	16.5	16.5
轨道	圆形	圆形	圆形	圆形
轨道倾角/(°)	99.35	99.35	99.35	56
卫星高度/km	971	971	971	971
偏心率	0.00117	0.00117	0.00117	0.00117

1.3.5 ZY3 卫星

ZY3-01 卫星是我国首颗民用高分辨率光学传输型立体测图卫星，于 2012 年 1 月发射，集测绘和资源调查功能于一体。卫星采用三线阵测绘方式，由具有一定交会角的前视、正视和后视相机通过对同一地面点不同视角的观测，形成立体影像，同时配以精确的内外方位元素参数，准确获取影像的三维地面坐标，用以生产 1:50000 的测绘产品，以及开展 1:25000 及更大比例尺地形图的修测与更新。卫星通过多光谱数据的获取，并配以正视高分辨率数据，可用于地物要素判读、国土资源调查和监测以及其他相关应用。

ZY3-02 卫星是 ZY3-01 卫星的后续星，于 2016 年发射，与 ZY3-01 卫星组网运行。ZY3-02 卫星是在 ZY3-01 卫星的基础上进行优化的，搭载了三线阵测绘相机和多光谱相机等有效载荷，前后视相机分辨率由 3.5m 提高到优于 2.5m，并搭载了一套试验性激光测高载荷，该星较 ZY3-01 卫星有更优异的影像融合能力、更高图像高程测量精度。

ZY3-01 卫星和 ZY3-02 卫星上均配备了国产星载 GPS 接收机，安装了 SLR 反射器，用以精密定轨和定轨精度检核。

ZY3 卫星主要参数见表 1.3.5。

表 1.3.5 ZY3 卫星参数

项目	ZY3-01	ZY3-02
反射器阵形状	球形	球形
角反射器数量	9	9
轨道	圆形	圆形
轨道倾角/(°)	97.421	99.35
偏心率	0.000	0.000
卫星高度/km	505	506
轨道周期/min	97	97

1.3.6 FY-3 卫星

风云三号 (FY-3) 是我国第二代极轨气象卫星，采用近极地太阳同步轨道，轨道高度为 836km，轨道倾角为 98.75°。其目标是实现全球大气和地球物理要素的全天候、多光谱和三维观测，进行我国及全球天气预报、气候预测、生态环境和灾害监测。风云三号 01 批为试验星，包括两颗卫星，即风云三号 01 星 (FY-3A) 和风云三号 02 星 (FY-3B)，已分别于 2008 年 5 月 27 日和 2010 年 11 月 5 日成功发射。

风云三号 02 批卫星是我国第二代业务极轨气象卫星，风云三号 03 星 (FY-3C) 是 02 批卫星的首发星，于 2013 年 9 月发射，设计寿命 5 年。主要用于大气环境监测、地表特征提取等，解算相关参数。该卫星上搭载的 GNSS 掩星探测仪 (GNSS

Occultation Sounder, GNOS)，由中国科学院空间中心研制，是全球首款双模接收机，既可以接收 GPS 信号，又可以接收 BDS 信号 (曾添等，2017; Zhao et al., 2017; Li et al., 2017; Xiong et al., 2017)，获得的 GNSS 数据可用于全球大气三维和垂直探测能力。

参 考 文 献

郭金运, 常晓涛, 孙佳龙, 等. 2013. 卫星雷达测高波形重定及应用 [M]. 北京: 测绘出版社
郭金运, 孔巧丽, 常晓涛, 等. 2014. 低轨卫星精密定轨理论与方法 [M]. 北京: 测绘出版社
林宗坚, 李德仁, 胥燕婴. 2011. 对地观测技术最新进展评述 [J]. 测绘科学, 36(4): 5-8
王广运, 王海瑛, 许国昌. 1995. 卫星测高原理 [M]. 北京: 科学出版社
叶叔华, 黄珹. 2000. 天文地球动力学 [M]. 济南: 山东科学技术出版社
曾添, 隋立芬, 贾小林, 等. 2017. 风云 3C 增强北斗定轨试验结果与分析 [J]. 测绘学报, 46(7): 824-833
赵春梅, 唐新明. 2013. 基于星载 GPS 的资源三号卫星精密定轨 [J]. 宇航学报, 34(9): 1202-1206
赵春梅, 桑吉章, 郭金运, 等. 2016. 空间目标激光测距技术及应用 [M]. 北京: 科学出版社
周建华, 徐波. 2015. 异构星座精密轨道确定与自主定轨的理论和方法 [M]. 北京: 科学出版社
Fu L L, Cazenave A. 2001. Satellite Altimetry and Earth Sciences: A Handbook of Technique and Application [M]. San Diego: Academic Press
Li M, Li W, Shi C, et al. 2017. Precise orbit determination of the Fengyun-3C satellite using onboard GPS and BDS observations[J]. Journal of Geodesy, (4): 1-15
Xiong C, Lu C, Zhu J, et al. 2017. Orbit determination using real tracking data from FY3C-GNOS[J]. Advances in Space Research, 60(3): 543-556
Zhao Q, Wang C, Guo J, et al. 2017. Enhanced orbit determination for BeiDou satellites with FengYun-3C onboard GNSS data[J]. GPS Solutions, 21(3): 1179-1190

第2章 卫星定轨时空基准

2.1 时空基本概念

2.1.1 时刻与时间间隔

时间包含时刻和时间间隔两个含义。时间间隔是指事物运动处于两个状态之间所经历的时间过程,它描述了事物运动在时间上的连续状况。时刻是指某一现象发生的瞬间。实际上,时刻是一种特殊的相对于时间原点的时间间隔,时间间隔是指某一现象发生的始末时刻之差。因此,时间间隔测量是相对时间测量,时刻测量则是绝对时间测量。

2.1.2 时间基准

时间系统定义了时间测量的标准,包括时刻的参考基准和时间间隔的尺度基准。时间框架则是通过守时、授时和时间频率测量比对在某一区域或者全球范围内实现和维持统一的时间系统。

时间测量需要有一个标准的公共尺度,称为时间基准或者频率基准。一般来说,任何一个观测到的周期性运动,如果能够满足下列三个条件,都可以作为时间基准:① 该运动具有周期性的连续运动;② 该运动周期是稳定的;③ 该运动周期具有复现性,在任何时间和地点都可以通过观测或者试验来重复实现这种周期性运动。

迄今为止,广泛应用的较为精确的时间基准主要有以下 4 种 (李征航等,2010;郭金运等,2014):① 地球自转。地球围绕自转轴旋转就形成昼夜交替现象,地球自转周期的稳定度约为 1×10^{-8},是建立恒星时、平太阳时和世界时等的时间基准。② 行星绕太阳的公转运动。比如地球沿黄道围绕太阳进行公转,形成一年四季,这种公转运动周期的稳定度约为 1×10^{-10},是建立历书时的时间基准。③ 相对论框架下的时间系统,如太阳系质心动力学时和地球质心动力学时等。④ 以量子力学为基础的时间基准。比如物质的谐波振荡,振荡周期的稳定度可以达到 1×10^{-14} 甚至更高,这是建立原子时的时间基准。

2.1.3 天球

在天文学中,由于许多量均为角度,因此常用天球的概念。

天球是为了研究天体视位置和视运动而引进的一个假想的球体,是一个球心

2.1 时空基本概念

与坐标原点重合、半径为任意值的球。在天文学中,通常把天体投影到天球的球面上,并利用球面坐标系统来表达或研究天体的位置及天体之间的关系。为了建立球面坐标系统,必须确定球面上的一些参考点、线、面和圈,如图 2.1.1 所示。

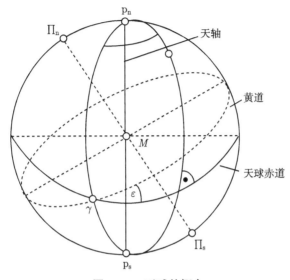

图 2.1.1 天球的概念

天轴与天极:过天球中心并平行于地球自转轴的延伸直线为天轴;天轴与天球的交点 p_n 和 p_s 称为天极,其中 p_n 为北天极,p_s 为南天极。

天球赤道面与天球赤道:通过天球中心 M 与天轴垂直的平面称为天球赤道面;该赤道面与天球相交的大圆称为天球赤道。

天球子午面与子午圈:包含天轴并通过任一点的平面称为天球子午面;天球子午面与天球相交的大圆称为天球子午圈。

时圈:通过天轴的平面与天球相交的半个大圆。

黄道:地球公转的轨道面与天球相交的大圆称为黄道,即当地球绕太阳公转时,地球上的观测者所见到的太阳在天球上运动的轨迹。黄道面与赤道面的夹角 ε,称为黄赤交角,约为 23.5°。

黄极:通过天球中心且垂直于黄道面的直线与天球的交点。其中靠近北天极的交点 Π_n 称为北黄极,靠近南天极的交点 Π_s 称为南黄极。

春分点:当太阳在黄道上从天球南半球向北半球运行时,黄道与天球赤道的交点 γ 称为春分点。

在天文学和空间大地测量中,春分点和天球赤道面是建立参考系的重要基准点和基准面。

在天文工作中,常选取北天极和春分点作为坐标系的基本方向。然而,它们在天球上的位置不是固定不变的，它们的运动由岁差和章动两部分组成。

2.1.4 岁差

岁差包括赤道岁差和黄道岁差。

1. 赤道岁差

由太阳、月球以及行星对地球上的赤道隆起部分的作用力矩引起的赤道平面的进动，称为赤道岁差。赤道岁差是天极围绕黄极在半径为黄赤交角的圆上的顺时针旋转。

在太阳、月球和行星对地球赤道隆起部分的万有引力作用下，地球自转轴总是要垂直于过天轴和黄极的平面向外的方向运动。由于日、月和行星的引力是连续的，因而北天极将在天球上围绕北黄极在半径为黄赤交角的圆上连续向西运动，其运动速度为 $50.371''/a$，相应的平春分点也以该速度向西运动。

由于赤道岁差会使春分点在黄道上向西移动，相对于参考历元 J2000.0，其移动量为

$$\varphi' = 5038.77844''T + 1.07259''T^2 - 0.001147''T^3 \tag{2.1.1}$$

式中，T 为参考历元 J2000.0 至观测历元 t 之间的儒略世纪数，即

$$T = \frac{\text{JD}(t) - 2451545.0}{36525} \tag{2.1.2}$$

其中，JD(t) 为观测历元的儒略日。

2. 黄道岁差

太阳系中的行星不仅对地球和月球产生万有引力，还会影响地月系质心围绕太阳公转的轨道平面，使得黄道平面产生变化，进而使春分点产生移动，称为黄道岁差。

黄道岁差不仅会使春分点在天球赤道上每年向东移动约 $0.1''$，而且还会使黄赤交角发生变化。由于黄道岁差的作用，春分点在天球赤道上的向东移动量 λ' 和黄赤交角 ε 的计算公式分别为

$$\lambda' = 10.5526''T - 2.38064''T^2 - 0.001125''T^3 \tag{2.1.3}$$

$$\varepsilon = 23°26'21.448'' - 46.815''T - 0.00059''T^2 + 0.001813''T^3 \tag{2.1.4}$$

3. 总岁差

由于赤道岁差和黄道岁差的综合作用，平春分点以速率 $50.371''/a$ 向西运动，从而使得天体的黄经发生变化，其变化量为

$$l = \varphi' - \lambda'\cos\varepsilon \tag{2.1.5}$$

式中，l 为黄经总岁差。

2.1.5 章动

1. 章动的概念

由于日、月和行星相对于地球的位置是不断变化的，它们对地球的引力不是恒定不变的，因此北天极、春分点和黄赤交角等在总岁差的基础上产生额外的周期性微小摆动，这种周期性的微小摆动称为章动。

为了描述北天极在天球上的运动，通常把复杂的天极运动分解为两种规律的运动。

(1) 岁差现象，即暂时不考虑旋转力矩复杂的周期性运动，而将其视为常量，北天极将围绕北黄极沿半径为黄赤交角的小圆做自东向西的运动。将只考虑岁差运动时的天极称为平天极，与平天极对应的天球赤道称为平赤道，将平赤道与黄道的交点称为平春分点。

(2) 章动现象，即瞬时天极围绕平天极在一个椭圆上做周期运动，该椭圆称为章动椭圆。其长半轴 a 为 $9.2''$，短半轴 b 为 $6.9''$，周期为 $18.6a$。

在岁差和章动的共同影响下，瞬时北天极绕北黄极旋转的轨迹如图 2.1.2 所示。

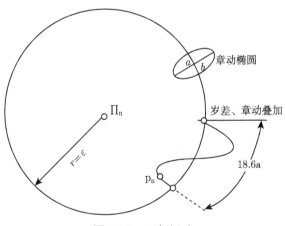

图 2.1.2 天极运动

2. 黄经章动和交角章动

当真天极围绕平天极做周期性运动时，真春分点相对于平春分点、真赤道相对于平赤道也做相应的运动，黄赤交角也会产生周期性的变化。由真天极围绕平天极运动而引起春分点在黄道上的位移称为黄经章动，记为 $\Delta\varphi$；所引起的黄赤交角的变化称为交角章动，记为 $\Delta\varepsilon$。

黄经章动和交角章动可用章动模型求得，已有的章动模型主要有 IAU1980、IAU2000 等。

2.1.6 极移

由于地球表面上的物质运动以及地球内部的物质运动，地球自转轴相对地球本体的位置会发生缓慢变化，地球自转轴将通过地球质心在顶角约为 $0.5''$ 的圆锥面上运动 (胡明城，2003)。地球自转轴与地面的交点称为地极。由于地球自转轴在地球体内的位置在不断变化，因而地极在地面上的位置也相应地在不断移动，地极的移动称为极移。观测瞬间地球自转轴所处的位置，称为瞬时地球自转轴，而相应的极点称为瞬时极。

极移与岁差、章动是完全不同的地球物理现象。岁差和章动是地球自转轴的方向在恒星空间中的变化，但在地球内部的相对位置并没有改变，因此，岁差和章动只引起天体坐标的变化，却不会引起地球表面经度和纬度的改变。与此相反，极移表现为地球自转轴在恒星空间的方向没有改变，但是在地球内部的相对位置却在改变，因此造成南北极在地球表面上的位置改变。这样，就引起地球表面上各地经度和纬度的变化。

为了描述地极移动的规律，通常用一平面直角坐标系表示瞬时极的位置，该坐标系称为地极坐标系，如图 2.1.3 所示。以平均极为切点，取与地球表面相切的平面为 X-Y 平面，格林尼治子午线的方向为 X 轴的正向，X 轴以西 $90°$ 的子午线为 Y 轴的正向。任一历元 t 的瞬时极 p 的位置，可表示为 (x_p, y_p)。

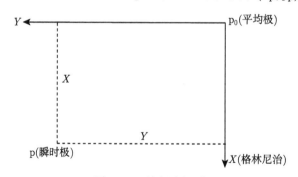

图 2.1.3　地极坐标系

地极的移动将使地极坐标系中坐标轴的指向发生变化，这样一来，将给实际工作带来许多困难。因此，国际天文学联合会 (IAV) 和国际大地测量学协会早在 1967 年就建议，采用国际上 5 个纬度服务站，以 1900～1905 年的平均纬度所确定的平均地极位置作为地极坐标系的原点，通常称为国际协议原点 (Conventional International Origin，CIO)，与之对应的地球赤道面称为平赤道面或协议赤道面。

2.2 时间系统

在卫星轨道计算中，时间是独立变量。在计算不同的物理量时使用不同的时间系统，例如，在计算卫星星下点轨迹时使用 UT1，在计算日、月和行星的坐标时使用动力学时 ET，输入的各种观测量的采样时间是 UTC 时或 GPS 时、BDS 时等。在轨道计算中，三类时间系统经常使用，即世界时系统、原子时系统和力学时系统，它们基于不同的周期性过程，见表 2.2.1。

表 2.2.1 时间系统

周期性过程	表示的时间系统	周期性过程	表示的时间系统
地球自转	世界时 (UT)	原子振荡	国际原子时 (TAI)
	格林尼治恒星时 (θ)		协调世界时 (UTC)
地球公转	地球质心力学时 (TDT)		星基定位系统参考时
	太阳系质心力学时 (BDT)		

2.2.1 世界时

世界时是以地球自转为基准建立的时间系统，由于观察地球自转运动时所选空间参考点不同，世界时系统又包括恒星时、平太阳时和世界时。

1. 恒星时

以春分点为参考点，由春分点的周日视运动所确定的时间称为恒星时。以平春分点为参考点得到的是平恒星时，以真春分点为参考点得到的是真恒星时。

恒星时直接与地球旋转发生关系，同一瞬间对不同测站的恒星时各异，所以恒星时具有地方性，有时也称为地方恒星时。地方恒星时是春分点相对于地方子午面的时角。格林尼治恒星时为春分点相对于格林尼治子午面的时角，可分为格林尼治平恒星时和格林尼治真恒星时。

对于恒星时，由于其不均匀性和不规则性，现已不被当作时间尺度，而是作为地球上一点相对空间固定参考系角位置的度量。

2. 平太阳时

由于地球的公转轨道为椭圆，根据天体运动的开普勒 (Kepler) 定律，太阳的视运动速度是不均匀的。如果以真太阳作为观察地球自转运动的参考点，将不符合建立时间系统的基本要求。为此，假设一个参考点的视运动速度等于真太阳周年运动的平均速度，且其在天球赤道上做周年视运动。这个假设的参考点在天文学中称为平太阳。平太阳连续两次经过本地子午圈的时间间隔为一个平太阳日，而一个平太阳日包含有 24 个平太阳时，与恒星时一样，平太阳时也具有地方性。

3. 世界时

以平子夜为零时起算的格林尼治平太阳时称为世界时。

通过测量恒星直接得出的世界时称为 UT0，经过极移修正之后得到 UT1，再将周期性季节变化修正之后就得到 UT2。在三种世界时中 UT1 代表了地球的实际旋转，它定义了格林尼治平均天文子午面相对于平春分点的定向。在卫星定位计算中，UT1 主要用来计算格林尼治恒星时，并建立地固坐标系与惯性系之间的联系。

2.2.2 原子时

原子时系统是以物质内部原子运动的特征为基础建立的时间系统。因为物质内部的原子跃迁所辐射和吸收的电磁波频率具有很高的稳定性和复现性，所以由此建立的原子时成为当今最理想的时间系统。

原子时的秒长定义为：位于海平面上的铯原子基态的两个超精细能级，在零磁场中跃迁辐射振荡 9192631770 周所持续的时间为 1 原子时秒。该原子时秒作为国际制 (SI) 秒的时间单位。

该定义严格确定了原子时的尺度，其原点由下式确定：

$$AT = UT2 - 0.0039(s) \tag{2.2.1}$$

原子时出现后得到了迅速的发展和广泛的应用，许多国家都建立了各自的地方原子时系统，但不同的地方原子时之间存在差异。为此，国际上大约有 100 座原子钟，通过相互比对和数据处理推算出统一的原子时系统，称为国际原子时 (TAI)。

2.2.3 力学时

由太阳系行星运动确定的时间系统称为力学时。根据运动方程所对应的参考点的不同，力学时分为如下两种。

1. 太阳系质心力学时 (BDT)

太阳系质心力学时是相对于太阳系质心的运动方程所采用的时间参数，也用作岁差和章动模型的时间因数。

2. 地球质心力学时 (TDT)

地球质心力学时是相对于地球质心的运动方程所采用的时间参数。BDT 与 TDT 之间相差一个周期性相对论效应项。

在 GNSS 定位与定轨中，地球质心力学时作为一种严格均匀的时间尺度和独立的变量，被用于描述卫星的运动。地球质心力学时的基本单位是国际秒 (SI) 制，与原子时的尺度一致。国际天文学联合会决定，于 1977 年 1 月 1 日原子时 (TAI)0

时与地球质心力学时的严格关系,定义如下:

$$TDT = TAI + 32.184(s) \quad (2.2.2)$$

若以 ΔT 表示地球质心力学时 (TDT) 与世界时 (UT1) 之间的时差,则由上式可得

$$\Delta T = TDT - UT1 = TAI - UT1 + 32.184(s) \quad (2.2.3)$$

该差值可通过国际原子时与世界时的比对而确定,通常记载于天文年历中。

2.2.4 协调世界时

在许多应用部门,如天文大地测量、天文导航和空间飞行器的跟踪定位等部门,目前仍需要以地球自转为基础的世界时 (周忠谟等, 1992)。但是,由于世界时 UT1 有长期变慢的趋势,国际原子时与世界时的差会越来越大。为了避免由此造成的不便,1972 年引入了协调世界时 (UTC)。

UTC 的秒长与原子时相同,通过 12 月 31 日或 6 月 30 日最后一秒在 UTC 中引入闰秒,使 UT1-UTC 的绝对值小于 0.9s。闰秒由 IERS 决定并公布。

协调世界时与国际原子时之间的关系由下式定义:

$$TAI = UTC + 1(s) \times n \quad (2.2.4)$$

其中,n 为跳秒数,其值由 IERS 发布。

为了让使用世界时的用户得到精度较高的 UT1 时刻,时间服务部门在发播协调世界时时号的同时,还给出 UT1 与 UTC 的差值。这样用户便可容易地由 UTC 得到相应的 UT1。

目前,几乎所有国家时号的发播均以 UTC 为基准。时号发播的同步精度约为 $\pm 0.2ms$。考虑到电离层折射的影响,在一个测站上接收世界各国的时号,其互差将不会超过 $\pm 1ms$。

2.2.5 GNSS 时间系统

为了精密导航和测量的需要,GNSS 建立了专用的时间系统,简写为 GNSST,该系统由 GNSS 主控站的原子时控制。目前有 GPS、GLONASS、BDS、Galileo 等全球卫星定位系统。

GNSST 属于原子时系统,其秒长与原子时相同,但与国际原子时具有不同的原点。所以,GNSST 与 TAI 在任一瞬间均有一常量偏差 μ,其关系为

$$TAI - GNSST = \mu(s) \quad (2.2.5)$$

对于 GPS,$\mu=19s$;对于 BDS,$\mu=33s$。

GPS、BDS 与协调世界时的时刻，分别规定与 1980 年 1 月 6 日 0 时、2006 年 1 月 1 日 0 时相一致。其后随着时间的积累，两者之间的差别将表现为秒的整倍数。GNSST 和协调世界时之间的关系为

$$\text{GNSST} = \text{UTC} + 1(\text{s}) \times n - \mu(\text{s}) \tag{2.2.6}$$

其中，n 为跳秒数。

2.2.6 历元表示

历元可以用民用日，即年、月、日、时、分、秒表示，也可以用儒略日 (JD) 或简化儒略日 (MJD) 表示。JD 定义为从公元前 4713 年 1 月 1 日世界时 12 时起算到所论历元时刻的平太阳日数。MJD 等于儒略日减去 2400000.5d。

在卫星定轨中，一般用 JD 或 MJD 表示时间。为了保证有效位数，常将 JD 或 MJD 分成整数部分和小数部分。

在计算中常遇到民用日和儒略日的互相换算，这里给出适用于 1900 年 3 月至 2100 年 2 月的换算公式。若年 (Y)、月 (M)、日 (D) 用整数表示，时 (H) 用实数表示，则 JD 为

$$\text{JD} = \text{int}\,[365.25y] + \text{int}\,[30.6001\,(m+1)] + D + H/24 + 1720981.5 \tag{2.2.7}$$

式中，int[ ] 表示对实数值取整，y、m 通过下式计算得到：

$$y = Y - 1, \quad m = M + 12 \quad (M \leqslant 2) \tag{2.2.8}$$

$$y = Y, \quad m = M \quad (M > 2) \tag{2.2.9}$$

由儒略日换算为民用日可按以下步骤计算。首先计算辅助数，设

$$\begin{aligned}
a &= \text{int}\,[\text{JD} + 0.5] \\
b &= a + 1537 \\
c &= \text{int}\,[(b - 122.1)/365.25] \\
d &= \text{int}\,[365.25c] \\
e &= \text{int}\,[(b - d)/30.6001]
\end{aligned} \tag{2.2.10}$$

然后计算民用日参数

$$\begin{cases}
D = b - d - \text{int}[30.6001e] + \text{FRAC}[\text{JD} + 0.5] \\
M = e - 1 - 12\,\text{int}[e/14] \\
Y = c - 4715 - \text{int}[(7 + M)/10]
\end{cases} \tag{2.2.11}$$

式中，FRAC[ ] 表示取一个数的小数部分。在日期转换过程中，还可以得到一个星期的第几天：

$$N = \mod[\text{int}(JD + 0.5), 7] \qquad (2.2.12)$$

式中，$N=0$ 表示星期一，$N=1$ 表示星期二，依次类推。

在 GPS 定位或导航中，历元也用 GPS 星期加 GPS 秒表示，GPS 星期 (WEEK) 为从 1980 年 1 月 6 日 0 时至当前时刻的整星期数，GPS 秒 (SEC) 为从刚过去的星期日 0 时开始至当前时刻的秒数，由下式计算：

$$\begin{cases} \text{WEEK} = \text{int}[(JD - 2444244.5)/7] \\ \text{SEC} = (JD - 2444244.5 - 7 \times \text{WEEK}) \times 86400 \end{cases} \qquad (2.2.13)$$

2.3 坐标系统

空间目标轨道计算中涉及不同类型、不同系统下的各种观测量，这些观测量有的是在地面上观测的，有的是在卫星上观测的；在轨道计算的动力学模型中，很多量是定义在不同的坐标系中的；此外，轨道计算所提供的各种结果需要比对。在卫星精密定轨中涉及的主要坐标系统有：天球坐标系、地球坐标系、轨道坐标系、卫星坐标系、RTN 坐标系及测站坐标系等。

2.3.1 天球坐标系

天球坐标系也称惯性坐标系，是用以描述自然天体和人造天体在空间的位置或者方向的一种球面坐标系。依据所选用的坐标原点的不同可分为站心天球坐标系、地心天球坐标系和太阳系质心天球坐标系等。在这种球面坐标系中，总是选取一个大圆作为基圈，该基圈的极点称为基点。过基圈的两个极点的大圆皆与基圈垂直。选取其中一个圆作为主圈，其余的大圆为副圈。主圈和基圈的交点称为主点。过任一天体 S 的副圈平面与主圈平面之间的夹角称为经度，从球心至天体的连线与基圈平面之间夹角称为纬度。纬度和经度表示天体位置的球面坐标的两个参数。这种建立在天球上的球面坐标系就是天球坐标系。

以瞬时北天极作为基点，以瞬时天球赤道作为基圈，以瞬时春分点作为主点，以过瞬时春分点和瞬时北天极的子午圈作为主圈，建立的天球坐标系就是瞬时天球赤道坐标系，是以天球极坐标表示的天体位置。坐标原点位于天球中心，Z 轴指向瞬时北天极，X 轴指向瞬时春分点 (真春分点)，XYZ 组成右手坐标系，是瞬时天球坐标系的空间直角坐标形式。Z 轴指向真北天极，X 轴指向真春分点，XY 平面是真天球赤道，因此瞬时天球赤道坐标系也称为真天球坐标系。

平天球赤道坐标系是只顾及岁差而没有考虑章动所建立的天球坐标系。只考虑岁差而不考虑章动所得的天极是平天极，平天球赤道坐标系中的 Z 轴指向历元平天极，X 轴和 Y 轴则位于与之相应的平天球赤道面上，X 轴指向平春分点，组成右手坐标系。

为了建立一个全球统一的、国际公认的空间固定坐标系，IAU 决定：采用历元 J1950.0 的平北天极作为协议天球坐标系的基点，以该历元的平天球赤道作为基圈，以 J1950.0 的平春分点作为主点，以过该历元的平天极和平春分点的子午圈作为主圈，这样建立的 J1950.0 的平天球赤道坐标系作为协议天球坐标系，又称国际天球参考系 (International Celestial Reference System，ICRS)。任一时刻的观测成果需要进行岁差和章动的改正，归算至协议天球坐标系后，才能在一个统一的坐标系中进行比较。随着时间的推移，IAU 又决定从 1984 年起将 ICRS 改用历元 J2000.0 的平天球坐标系作为国际天球参考系，以减少岁差改正时的时间间隔的影响，这就是目前在卫星定位和定轨中使用的惯性坐标系 J2000.0 坐标系。

2.3.2 地球坐标系

地球坐标系与地球固连在一起，随地球一起自转，也称为地固坐标系。地球坐标系主要用于描述地面点在地球上的位置以及卫星在近地空间的运动。

根据坐标原点所处的位置，地球坐标系可分为参心坐标系和地心坐标系。参心坐标系的坐标原点位于参考椭球的中心，Z 轴与地球自转轴平行，X 轴和 Y 轴位于参考椭球的赤道面上，其中 X 轴平行于起始天文子午面，Y 轴垂直于 X 轴和 Z 轴，构成右手坐标系。地心坐标系的原点位于地球 (含大气和海洋等流体圈层) 的质量中心，Z 轴与地球自转轴重合，X 轴和 Y 轴位于地球赤道面上，其中 X 轴指向经度零点，Y 轴垂直于 X 和 Z 轴，构成右手坐标系。

地球坐标系的三个坐标轴在地球本体内的指向是不断变化的，从而导致地面固定点的坐标也不断变动。这是一种瞬时地球坐标系，也称为真地球坐标系。显然，瞬时地球坐标系不适宜表示地面点的位置，应当选择一个不会随着极移而改变的坐标轴指向，并与地球固连的坐标系来描述点的位置及其速度。协议地球参考系 (Conventional Terrestrial Reference System, CTRS) 和协议地球参考框架 (Conventional Terrestrial Reference Frame, CTRF) 应满足下列条件：① 坐标原点位于包括海洋和大气在内的整个地球的质量中心；② 尺度为广义相对论意义上的局部地球框架内的尺度；③ 坐标轴的最初指向是由 BIH1984.0 来确定的；④ 坐标轴定向随时间的变化满足地壳无整体旋转。

国际地球参考系 (International Terrestrial Reference System, ITRS) 和 ITRF 是目前国际上精度最高，且被广泛应用的协议地球参考系和参考框架。按照国际大地测量与地球物理联合会 (International Union of Geodesy and Geophysics, IUGG) 决议，ITRS 是由 IERS 来负责定义的，用 VLBI、SLR、GPS、DORIS 等空间大地测量技术予以实现和维持。ITRS 的具体实现称为 ITRF，ITRF 是由一组 IERS

测站的站坐标 (X, Y, Z) 和站速度 $(\dot{X}, \dot{Y}, \dot{Z})$ 以及相应的地球定向参数 EOP 等来实现的。IERS 已经公布了多个版本的 ITRF，其表达形式为 ITRFyy，其中 yy 表示建立该版本使用到的资料的最后年份。有 ITRF88~ITRF94，ITRF96，ITRF97，ITRF2000，ITRF2005，ITRF2008，ITRF2014 等。

世界大地坐标系 (World Geodetic System, WGS) 是美国建立的全球地心坐标系，曾先后推出不同的版本，如 WGS60、WGS66、WGS72、WGS84 等。WGS84 于 1987 年取代 WGS72，成为 GPS 所使用的坐标系，并随着 GPS 的推广而普及，WGS84 被世界各国广泛使用。作为一个参考系，WGS84 满足下列要求：

(1) 坐标原点位于包括海洋和大气的整个地球的质量中心；
(2) 尺度为广义相对论意义上的局部地球框架中的尺度；
(3) 坐标轴指向随时间的变化满足地壳无整体旋转的条件。

2000 国家大地坐标系，是我国当前最新的国家大地坐标系，英文名称为 China Geodetic Coordinate System 2000，英文缩写为 CGCS2000。CGCS2000 的原点为包括海洋和大气的整个地球的质量中心，其 Z 轴由原点指向历元 2000.0 的地球参考极的方向，该历元的指向由国际时间局给定的历元为 1984.0 的初始指向推算，定向的时间演化保证相对于地壳不产生残余的全球旋转，X 轴由原点指向格林尼治参考子午线与地球赤道面 (历元 2000.0) 的交点，Y 轴与 Z 轴、X 轴构成右手正交坐标系。CGCS2000 采用的椭球参数为

$$a = 6378137.0 \text{m}$$
$$GM_e = 3.986004418 \times 10^{14} \text{m}^3/\text{s}^2$$
$$J_2 = 1.082629832258 \times 10^{-3}$$
$$\omega = 7.292115 \times 10^{-5} \text{rad/s}$$
$$f = 1 : 298257222101$$

2.3.3 轨道坐标系

如果只考虑地球中心引力作用，卫星运动应当遵循开普勒运动定律，即轨道定律、面积定律和周期定律。通常用开普勒轨道根数表示卫星的运动轨道，即轨道的长半轴 a (Semi-Major Axis)、轨道的偏心率 e (Eccentricity)、轨道倾角 i (Inclination)、近地点角距 ω (Argument of Perigee)、升交点赤经 Ω (Right Ascension of Ascending Node) 和平近点角 M (Mean Anomaly)，如图 2.3.1 所示。轨道倾角是轨道面与赤道面之间的夹角，升交点赤经是轨道升交点在天球球面坐标系中的赤经，近地点角距是地球质心 O 至升交点和 O 至卫星近地点在轨道面内的夹角。a, e, M 可以确定出轨道的形状、大小和卫星在轨道平面中的位置；而 i, ω, Ω 可以确定卫星轨道平面在惯性系中的位置和方位。在实际应用中，有时用真近点角 f (True Anomaly) 或偏近点角 E (Eccentric Anomaly) 代替平近点角，如图 2.3.2 所示，它们之间的关

系为

$$\begin{cases} M = E - e\sin E \\ \tan f = \dfrac{\sin E\sqrt{1-e^2}}{\cos E - e} \end{cases} \tag{2.3.1}$$

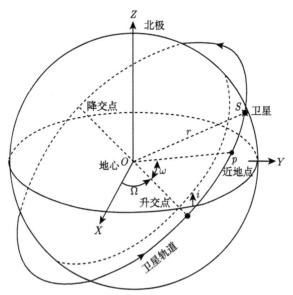

图 2.3.1 卫星运动的开普勒轨道

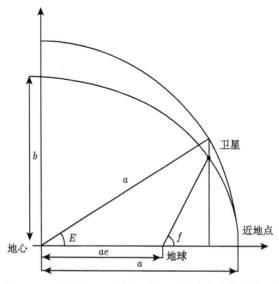

图 2.3.2 真近点角、偏近点角与平近点角之间的关系

2.3 坐标系统

如果卫星轨道为圆形，或者卫星轨道的偏心率 e 很小，接近于圆形轨道，在利用开普勒轨道根数进行轨道计算时，可能会发生奇异现象。这种情况下，一般利用希尔轨道根数表示卫星轨道，即 $(r,\dot{r},\mu,\Omega,g,h)$。希尔轨道根数是一组正则轨道根数，与开普勒轨道根数的关系为

$$\begin{cases} r = a(1-e\cos E) \\ \dot{r} = \dfrac{GM_e}{g}e\sin f \\ \mu = \omega + f \\ \Omega = \Omega \\ g = \sqrt{GM_e a(1-e^2)} \\ h = g\cos i \end{cases} \quad (2.3.2)$$

2.3.4 卫星坐标系

坐标原点为卫星质心，Z 轴由卫星指向地心，Y 轴指向轨道面的负法向，X 轴在轨道面内与 Z 轴垂直指向卫星运动方向，基本面为卫星轨道的垂面，基本方向为卫星运动方向；X、Y、Z 轴呈右手系，称之为星固坐标系。

2.3.5 RTN 坐标系

RTN 坐标系的定义与卫星坐标系的定义类似，只是坐标轴指向不同，其坐标原点为卫星质心。R 轴为径向，与地心到卫星质心的向径方向一致；T 轴为横向，在轨道面内与 R 轴垂直，指向卫星运动方向；N 轴为轨道面正法向，与 R、T 轴呈右手系。

2.3.6 测站坐标系

为了表达测站的位置及其与卫星的关系，采用测站坐标系 (也称站心坐标系)。其定义为：坐标原点为测站中心，即测量设备跟踪天线的旋转中心。基本平面为站心当地地平面，由站心指向正北方向为主方向。测站坐标系分为测站直角坐标系和测站球面坐标系。

对于测站直角坐标系 (下标 S 表示测站)：X_S 轴在基本平面内指向东方，Y_S 轴指向主方向，Z_S 轴与基本平面垂直指向上方。

对于测站球面坐标系：斜距 ρ 为站心至卫星的距离，方位角 A 为主方向顺时针至卫星位置向量在基本平面内的投影，仰角 E 为卫星位置向量与基本平面的夹角。

参 考 文 献

郭金运, 孔巧丽, 常晓涛, 等. 2014. 低轨卫星精密定轨理论与方法 [M]. 北京: 测绘出版社
胡明城. 2003. 现代大地测量学的理论及其应用 [M]. 北京: 测绘出版社
李征航, 魏二虎, 王正涛, 等. 2010. 空间大地测量学 [M]. 武汉: 武汉大学出版社
周忠谟, 易杰军, 周琪. 1992. GPS 卫星测量原理与应用 [M]. 北京: 测绘出版社

第 3 章 卫星运动方程及定轨方法

3.1 卫星运动方程

卫星在围绕地球运动的过程中会受到多种作用力的影响。总的来讲,这些作用力可分为两大类:一类为保守力,另一类为耗散力,或称非保守力 (刘林, 1992; 李济生, 1995)。保守力包括地球引力,即日、月、行星对卫星的引力,以及地球的潮汐现象导致的引力场变化等,对于保守力,可以使用"位函数"来描述;耗散力包括太阳光压、大气阻力等,对于耗散力则不存在"位函数",只能直接使用这些力的表达式。

卫星运动方程表示卫星运动的加速度和作用力之间的关系,其中动力学模型是建立卫星运动方程的基础。在惯性坐标系中,卫星运动方程为

$$\ddot{r} = a_{\text{TB}} + a_{\text{NB}} + a_{\text{NS}} + a_{\text{TD}} + a_{\text{REL}} + a_{\text{SR}} + a_{\text{ER}} + a_{\text{DG}} + a_{\text{TH}} \tag{3.1.1}$$

式中,$\ddot{r}$ 为卫星在惯性坐标系中的加速度矢量,也即作用在卫星单位质量上的摄动力之和。式右端为作用在卫星单位质量上的力,其定义为

a_{TB}:二体问题作用力,即地球对卫星的中心引力;

a_{NB}:太阳、月球和除地球之外的其他行星对卫星中心的引力;

a_{NS}:地球非球形部分对卫星的引力;

a_{TD}:地球潮汐 (包括固体潮、海潮和大气潮汐) 引起的卫星引力变化部分;

a_{REL}:相对论效应对卫星运动的影响;

a_{SR}:太阳辐射对卫星造成的压力;

a_{ER}:地球红外辐射和地球反照辐射对卫星产生的压力;

a_{DG}:地球大气对卫星的阻力;

a_{TH}:作用在卫星上的其他作用力,如卫星姿态控制的小推力等。

以上各作用力的模型见 3.2 节。

如果能得到式 (3.1.1) 的解析解,则只要知道卫星在某初始时刻的运动状态 r_0 和 $\dot{r}_0$,就可以得到任意时刻卫星的运动状态 r 和 $\dot{r}$。但事实上各作用力的表达式都很复杂,而且除二体问题之外,目前还不能得到各摄动力的严格解析解。常用数值法得出式 (3.1.1) 的解,其初始条件为

$$\begin{cases} r(t_0) = r_0 \\ \dot{r}(t_0) = \dot{r}_0 \end{cases} \tag{3.1.2}$$

一般情况下卫星的初始状态 r_0、$\dot{r}_0$ 是无法预先精确知道的，只能得到它们的参考值 r_0^* 和 $\dot{r}_0^*$。这就需要对卫星进行不断观测来精化以取得高精度的卫星初始状态 r_0 和 $\dot{r}_0$，这正是精密定轨的任务。令 f 代表式 (3.1.1) 中右端所有作用在卫星单位质量上的作用力之和，r 表示卫星在惯性坐标系中的位置矢量。事实上，在 f 的数学模型中很多参数的值也是无法预先精确知道的，如大气阻力参数、太阳光压参数等，这些参数的误差无疑也将影响 r 和 $\dot{r}$ 的精度。此外，观测站坐标误差、测量设备的系统误差等也都影响轨道计算的精度。所有上述参数都需不断精化，所以轨道确定中需要求解的量往往不限于 r_0 和 $\dot{r}_0$。

设其他需求的常数参数为 p，有 $\dot{p}=0$。令 $X = \begin{pmatrix} r \\ \dot{r} \\ p \end{pmatrix}$，$F = \begin{pmatrix} \dot{r} \\ f \\ 0 \end{pmatrix}$，则卫星运动方程写为

$$\dot{X} = F \tag{3.1.3}$$

初始条件为

$$X(t_0) = X_0 \tag{3.1.4}$$

可以看出，式 (3.1.3) 和式 (3.1.4) 代表一个由 n 个非线性一阶常微分方程组成的系统。

3.2 卫星受力分析

卫星运行过程所受到的各种作用力中，地球对卫星的二体引力是起支配作用的，其他作用力均为摄动力。

3.2.1 二体问题作用力

将卫星和地球均看作质点。它们之间的作用力是万有引力，具体表达为

$$a_{\text{TB}} = -\frac{GM_e}{R^3} R \tag{3.2.1}$$

式中，G 为万有引力常数；M_e 为地球质量；R 为卫星在惯性坐标系中的位矢，其模为 R。

3.2.2 N 体摄动

N 体摄动表示太阳、月球以及除地球之外的其他行星对卫星中心的引力。在这里把中心天体地球以外的其他天体称为摄动天体，卫星称为被摄动体。摄动天体、中心天体和被摄动体都看成质点，则摄动天体对卫星的摄动加速度为

3.2 卫星受力分析

$$\boldsymbol{a}_{\mathrm{NB}} = \sum_{j=1}^{N}(-GM_j)\left(\frac{\boldsymbol{R}_j}{R_j^3}+\frac{\boldsymbol{\Delta}_j}{\Delta_j^3}\right) \quad (3.2.2)$$

式中，M_j 为第 j 个摄动体的质量；$\boldsymbol{R}_j$ 为第 j 个摄动体在地心惯性系中的位矢，其模为 R_j；$\boldsymbol{\Delta}_j$ 为卫星相对第 j 个摄动体的位矢，其模为 Δ_j。

3.2.3 地球引力位系数有关的摄动

1. 地球非球形摄动

地球形状不规则和质量分布不均会造成附加摄动。地球非球形摄动可以用球谐函数表示为

$$V(r,\varphi,\lambda)=\frac{GM_{\mathrm{e}}}{r}\sum_{n=0}^{N}\left(\frac{a_{\mathrm{e}}}{r}\right)^n\sum_{m=0}^{n}\overline{P}_{nm}(\sin\varphi)(\overline{C}_{nm}\cos m\lambda+\overline{S}_{nm}\sin m\lambda) \quad (3.2.3)$$

式中，$V(r,\varphi,\lambda)$ 为地球非球形摄动的位函数，r 为卫星至地心的距离，φ 为测站的大地纬度，λ 为测站的大地经度；G 为万有引力常数；M_{e} 为地球质量；m、n 为引力场的阶次；a_{e} 为地球参考椭球体的赤道半径；$\overline{P}_{nm}$ 为勒让德多项式；$\overline{C}_{nm}$ 和 $\overline{S}_{nm}$ 为归一化后的球谐系数。

2. 固体潮摄动

固体潮引起地球引力位发生变化，从而对卫星轨道产生固体潮摄动。固体潮模型可以 Wahr 固体潮汐模型为基础，考虑液核的动力学影响，对不同的分潮波 (主要是全日波) 采用不同的勒夫 (Love) 数，勒夫数应随分潮波频率不同而不同。固体潮摄动可表达成球谐函数展开式，其系数计算分三步进行。

(1) 计算与频率无关的球谐系数改正。

$$\Delta\overline{C}_{nm}-\mathrm{i}\Delta\overline{S}_{nm}=\frac{k_{nm}}{2n+1}\sum_{j=2}^{3}\frac{GM_j}{GM_{\mathrm{e}}}\left(\frac{R_{\mathrm{e}}}{r_j}\right)^{n+1}\overline{P}_{nm}(\sin\varphi_j)(\cos(m\lambda_j)-\sin(m\lambda_j)\mathrm{i})$$
$$(3.2.4)$$

式中，$\Delta\overline{C}_{nm}$、$\Delta\overline{S}_{nm}$ 为球谐系数改正值；k_{nm} 为勒夫数，n 和 m 依次表示阶和次；R_{e} 为地球半径；M_{e} 为地球质量；M_j 为太阳 ($j=2$) 或月球 ($j=3$) 的质量；r_j 为太阳 ($j=2$) 或月球 ($j=3$) 到地心的距离；φ_j 为太阳 ($j=2$) 或月球 ($j=3$) 在地固坐标系中的地心纬度；λ_j 为太阳 ($j=2$) 或月球 ($j=3$) 在地固坐标系中的地心经度。

(2) 计算和频率有关的二阶项改正。二阶项潮汐改正主要考虑 21 个长周期，48 个日周期和 2 个半日周期潮汐。

$$\Delta\overline{C}_{2m}-\mathrm{i}\overline{S}_{2m}=\eta_m\sum_{f(2,m)}(A_m\delta k_f H_f)\mathrm{e}^{\mathrm{i}\theta_f} \quad (m=1,2) \quad (3.2.5)$$

式中，$\Delta \overline{C}_{2m}$、$\Delta \overline{S}_{2m}$ 为二阶球谐系数改正值；$A_m = \dfrac{(-1)^m}{R_e\sqrt{4\pi}} = 4.4228 \times 10^{-8} \mathrm{m}^{-1}$，$R_e$ 为地球半径；$\eta_1 = -\mathrm{i}, \eta_2 = 1$；$\delta k_f$ 为 $k_{2m}^{(0)}$ 在频率 f 处的值 k_f 与其标准值 k_{2m} 之差；H_f 为频率 f 项的振幅值；$\theta_f = \overline{n} \cdot \beta$，其中 $\overline{n}$ 为 Dooson 系数，β 为 Dooson 变量。

(3) 计算由永久潮汐引起的二阶项改正，该改正项为一常数，与采用的重力场模型有关。

$$\Delta \overline{C}_{20}^{\mathrm{perm}} = 4.1736 \times 10^{-9} \tag{3.2.6}$$

式中，$\Delta \overline{C}_{20}^{\mathrm{perm}}$ 为永久潮汐 2 阶改正项，对于 EGM2008 重力场模型，该常数值为上式右端数值。

3. 海潮摄动

海潮引起地球引力位发生变化，从而对卫星轨道产生海潮摄动。应采用海潮模型，通过修正地球引力位系数来计算海潮摄动：

$$[\Delta \overline{C}_{nm} - \mathrm{i}\Delta \overline{S}_{nm}](t) = \sum_f \sum_+^- (C_{f,nm}^{\pm} \mp \mathrm{i}S_{f,nm}^{\pm}) \mathrm{e}^{\pm \mathrm{i}\theta_f(t)} \tag{3.2.7}$$

式中，$\Delta \overline{C}_{nm}$，$\Delta \overline{S}_{nm}$ 为海潮引起的球谐系数改正值；$C_{f,nm}^{\pm}$，$S_{f,nm}^{\pm}$ 为海洋潮汐系数；$\theta_f(t)$ 为 t 时刻 f 分潮波相位。

4. 大气潮摄动

大气潮引起地球引力位发生变化，从而对卫星轨道产生大气潮汐摄动。应采用大气潮汐模型，通过修正地球引力位系数来计算大气潮汐摄动

$$\begin{cases} (\Delta \overline{C}_{nm})_{\mathrm{AT}} = \displaystyle\sum_{\mu(n,m)} F_{nm} \left[(C_{\mu nm}^{A+} + C_{\mu nm}^{A-}) \cos(\overline{n}_\mu \cdot \overline{\beta}) + (S_{\mu nm}^{A+} + S_{\mu nm}^{A-}) \sin(\overline{n}_\mu \cdot \overline{\beta}) \right] \\ (\Delta \overline{S}_{nm})_{\mathrm{AT}} = \displaystyle\sum_{\mu(n,m)} F_{nm} \left[(S_{\mu nm}^{A+} + S_{\mu nm}^{A-}) \cos(\overline{n}_\mu \cdot \overline{\beta}) - (C_{\mu nm}^{A+} - C_{\mu nm}^{A-}) \sin(\overline{n}_\mu \cdot \overline{\beta}) \right] \\ F_{nm} = \dfrac{4\pi G \rho_\mathrm{w}}{g_\mathrm{e}} \left[\dfrac{(n+m)!}{(n-m)!(2n+1)(2-\delta_{\mathrm{om}})} \right]^{1/2} \dfrac{1+k_n'}{2n+1} \end{cases} \tag{3.2.8}$$

式中，$(\Delta \overline{C}_{nm})_{\mathrm{AT}}$ 为大气潮引起的球谐系数改正值；$(\Delta \overline{S}_{nm})_{\mathrm{AT}}$ 为大气潮引起的球谐系数改正值；$\overline{n}_\mu$ 为 Dooson 系数；$\overline{\beta}$ 为 Dooson 变量；g_e 为地表平均重力加速度；G 为万有引力常数；ρ_w 为海水的平均密度；δ_{om} 为海潮分潮波相位；k_n' 为 n 阶负荷勒夫数；$C_{\mu nm}^{A\pm}$ 为 μ 分潮大气潮汐余弦系数；$S_{\mu nm}^{A\pm}$ 为 μ 分潮大气潮汐正弦系数。

大气潮一般只需考虑 S_2 波的改正，$n = 2, m = 2$，具体计算时可在海潮摄动中进行改正。

3.2 卫星受力分析

$$\begin{cases} (\Delta \overline{C}_{22})_{\mathrm{AT}} = +0.1284 \mathrm{cm} \\ (\Delta \overline{S}_{22})_{\mathrm{AT}} = -0.3179 \mathrm{cm} \end{cases} \tag{3.2.9}$$

5. 地球自转形变附加摄动

地球自转产生的离心力引起地球体积和密度分布的变化，进而引起卫星轨道的摄动产生一个附加摄动。由地球自转形变附加摄动引起的球谐系数改正为

$$\begin{cases} (\Delta \overline{C}_{20})_{\mathrm{R0}} = -\dfrac{1}{\sqrt{5}} \dfrac{2a_\mathrm{e}^3}{3GM_\mathrm{e}} k_2 m_3 \Omega^2 \\ (\Delta \overline{C}_{21})_{\mathrm{R0}} = -\dfrac{1}{\sqrt{15}} \dfrac{a_\mathrm{e}^3}{GM_\mathrm{e}} k_2 m_1 \Omega^2 \\ (\Delta \overline{S}_{21})_{\mathrm{R0}} = -\dfrac{1}{\sqrt{15}} \dfrac{a_\mathrm{e}^3}{GM_\mathrm{e}} k_2 m_2 \Omega^2 \\ m_1 = x_p - \overline{x}_p, \quad m_2 = -(y_p - \overline{y}_p), \quad m_3 = -\dfrac{D}{86400} \end{cases} \tag{3.2.10}$$

式中，$(\Delta \overline{C}_{20})_{\mathrm{R0}}$ 为地球自转形变摄动引起地球引力系数 $\overline{C}_{20}$ 的变化量；$(\Delta \overline{C}_{21})_{\mathrm{R0}}$ 为地球自转形变摄动引起地球引力系数 $\overline{C}_{21}$ 的变化量；$(\Delta \overline{S}_{21})_{\mathrm{R0}}$ 为地球自转形变摄动引起地球引力系数 $\overline{S}_{21}$ 的变化量；GM_e 为地心引力常数，单位为 $\mathrm{m^3/s^2}$；a_e 为地球半径，单位为 m；k_2 为引力位勒夫数；x_p, y_p 为瞬时极移分量，单位为 (″)；$\overline{x}_p, \overline{y}_p$ 为平均极移分量，单位为 (″)；D 为日长变化，单位为 s/d；Ω 为地球自转平均角速度，单位为 rad/s。

3.2.4 月球扁率摄动与地球扁率间接摄动

月球扁率摄动与地球扁率间接摄动是将月球和地球视作扁球体时对卫星产生的附加摄动。

1. 月球扁率摄动

只考虑月球 J'_2 项引起的扁率摄动。J'_2 项在月固坐标系中对应的在卫星处和地球处的加速度分别为

$$\begin{aligned} \left(\dfrac{\partial U_\mathrm{P}(J'_2)}{\partial \boldsymbol{r}_\mathrm{pm}}\right)^\mathrm{T} &= \dfrac{3GM_\mathrm{m}}{2r_\mathrm{pm}^4}(a'_\mathrm{e})^2 J'_2 \left[(3\sin^2 \varphi_\mathrm{pm} - 1)\dfrac{\boldsymbol{r}_\mathrm{pm}}{r_\mathrm{pm}} + \sin 2\varphi_\mathrm{pm} \begin{pmatrix} \sin \varphi_\mathrm{pm} \cos \lambda_\mathrm{pm} \\ \sin \varphi_\mathrm{pm} \sin \lambda_\mathrm{pm} \\ -\cos \varphi_\mathrm{pm} \end{pmatrix} \right] \\ \left(\dfrac{\partial U_\mathrm{E}(J'_2)}{\partial \boldsymbol{r}_\mathrm{em}}\right)^\mathrm{T} &= \dfrac{3GM_\mathrm{m}}{2r_\mathrm{em}^4}(a'_\mathrm{e})^2 J'_2 \left[(3\sin^2 \varphi_\mathrm{em} - 1)\dfrac{\boldsymbol{r}_\mathrm{em}}{r_\mathrm{em}} + \sin 2\varphi_\mathrm{em} \begin{pmatrix} \sin \varphi_\mathrm{em} \cos \lambda_\mathrm{em} \\ \sin \varphi_\mathrm{em} \sin \lambda_\mathrm{em} \\ -\cos \varphi_\mathrm{em} \end{pmatrix} \right] \end{aligned} \tag{3.2.11}$$

式中，J'_2 为月球的二阶带谐项；$U_\mathrm{P}(J'_2)$ 为 J'_2 项在月固坐标系中对应的在卫星处的引力位；$U_\mathrm{E}(J'_2)$ 为 J'_2 项在月固坐标系中对应的在地球处的引力位；a'_e 为月球的赤

道半径；M_m 为月球质量；r_{pm} 为卫星在月固坐标系中的位矢；r_{pm} 为卫星在月固坐标系中的月心距离；φ_{pm} 为卫星在月固坐标系中的纬度；λ_{pm} 为卫星在月固坐标系中的经度；r_{em} 为地球在月固坐标系中的位矢；r_{em} 为地球在月固坐标系中的月心距离；φ_{em} 为地球在月固坐标系中的纬度；λ_{em} 为地球在月固坐标系中的经度。

由此可给出月球 J_2' 扁率摄动加速度 (在 J2000.0 地心天球坐标系中) 为

$$\boldsymbol{a}_{mJ_2} = (PR)^T (NR)^T M^T \left\{ \left(\frac{\partial U_P(J_2')}{\partial r_{pm}} \right)^T - \left(\frac{\partial U_E(J_2')}{\partial r_{em}} \right)^T \right\} \quad (3.2.12)$$

式中，$\boldsymbol{a}_{mJ_2}$ 为月球 J_2' 扁率摄动加速度 (在 J2000.0 地心天球坐标系中)；PR 为岁差旋转矩阵；NR 为章动旋转矩阵；M 为月心瞬时真坐标转换到月固坐标系的旋转矩阵。

2. 地球扁率摄动

只考虑地球 J_2 项扁率部分引起的这项间接摄动。地球 J_2 项在月心处的加速度为

$$\left(\frac{\partial U_M(J_2)}{\partial r_{me}} \right)^T = \frac{3GM_e}{2r_{me}^4} (a_e)^2 J_2 \left[(3\sin^2\varphi_{me} - 1) \frac{\boldsymbol{r}_{me}}{r_{me}} + \sin 2\varphi_{me} \begin{pmatrix} \sin\varphi_{me}\cos\lambda_{me} \\ \sin\varphi_{me}\sin\lambda_{me} \\ -\cos\varphi_{me} \end{pmatrix} \right] \quad (3.2.13)$$

式中，$U_M(J_2)$ 为地球 J_2 项在月心处的引力位；a_e 为地球的赤道半径；J_2 为地球的二阶带谐项系数；$\boldsymbol{r}_{me}$ 为月球在地固坐标系中的位矢；r_{me} 为月球在地固坐标系中的地心距离；φ_{me} 为月球在地固坐标系中的纬度；λ_{me} 为月球在地固坐标系中的经度。

由此可给出地球扁率间接摄动加速度 (在 J2000.0 地心天球坐标系中) 为

$$\boldsymbol{a}_{EOI} = \frac{M_m}{M_e} \left\{ (PR)^T (NR)^T (HR)^T \left(\frac{\partial U_M(J_2)}{\partial r_{me}} \right)^T \right\} \quad (3.2.14)$$

式中，$\boldsymbol{a}_{EOI}$ 为地球扁率间接摄动加速度 (在 J2000.0 地心天球坐标系中)。

3.2.5 广义相对论摄动

由于广义相对论效应，卫星在地球质心为原点的局部惯性坐标系中的运动方程将不同于仅考虑牛顿引力场时的运动方程，这种差异可看作卫星受到了一个附加摄动。由于太阳引力场对卫星产生的相对论摄动加速度较小，可只考虑地球引力场引起的广义相对论摄动，具体为

$$\boldsymbol{a}_{REL} = \frac{GM_e}{c^2 r^3} \left\{ \left[2(\beta + \gamma) \frac{GM_e}{r} - \gamma \dot{\boldsymbol{r}} \cdot \dot{\boldsymbol{r}} \right] \boldsymbol{r} + 2(1+\gamma)(\boldsymbol{r} \cdot \dot{\boldsymbol{r}})\dot{\boldsymbol{r}} \right\}$$

$$+ (1+\gamma)\frac{GM_\mathrm{e}}{c^2 r^3}\left[\frac{3}{r^2}(\boldsymbol{r}\times\dot{\boldsymbol{r}})(\boldsymbol{r}\cdot\boldsymbol{J}) + (\dot{\boldsymbol{r}}\times\boldsymbol{J})\right]$$

$$+ \left\{(1+2\gamma)\left[\dot{\boldsymbol{R}}\times\left(\frac{-GM_\mathrm{s}\boldsymbol{R}}{c^2 R^3}\right)\right]\times\dot{\boldsymbol{r}}\right\} \tag{3.2.15}$$

式中，a_REL 为地球卫星相对论效应摄动加速度；c 为光速；β、γ 为相对论参数，随不同引力理论而异，对爱因斯坦广义相对论而言，$\beta=\gamma=1$；$\boldsymbol{r}$ 为卫星的地心位置矢量，其模为 r；$\dot{\boldsymbol{r}}$ 为卫星的地心速度矢量；$\boldsymbol{R}$ 为地球的日心位置矢量，其模为 R；$\dot{\boldsymbol{R}}$ 为地球的日心速度矢量；$\boldsymbol{J}$ 为地球单位质量的角动量矢量，其模约为 $9.8\times10^8\mathrm{m}^2/\mathrm{s}$；$GM_\mathrm{e}$ 为地球引力常数；GM_s 为太阳引力常数。

3.2.6 太阳辐射压摄动

太阳辐射压摄动是由太阳光辐射到卫星上对卫星产生压力造成的，也称光压摄动。对形状复杂的卫星可将其分为若干个平面分别计算，然后矢量求和得到所受到的太阳辐射压摄动加速度。对于轨道高度在 800km 以上的卫星，太阳辐射压摄动是卫星摄动的主要摄动源，其影响超过了大气阻力。

在卫星定轨中，有多种太阳辐射压模型。这里列出常用的两种太阳光压模型：Box-wing 模型和 ECOM 太阳光压模型。

1. Box-wing 模型

Box-wing 模型表示为

$$\boldsymbol{a}_\mathrm{SR} = -P\frac{\alpha\nu}{m}\sum_{i=1}^{n_\mathrm{f}} A_i \cos\theta_i \left[2\left(\frac{\delta_i}{3}+\rho_i\cos\theta_i\right)\hat{\boldsymbol{n}}_i + (1-\rho_i)\hat{\boldsymbol{s}}\right] \tag{3.2.16}$$

式中，$\boldsymbol{a}_\mathrm{SR}$ 为太阳辐射压力；P 为太阳辐射流量；α 为太阳光压系数，一般作为待估参数；ν 为卫星的地影因子 ($\nu=0$ 表示卫星完全在地影中，$\nu=1$ 表示卫星在日光中，$0<\nu<1$ 表示卫星部分在地影中)；m 为卫星质量；A_i 为平面 i 的表面积；θ_i 为平面 i 的法向与卫星到太阳之间的夹角；$\hat{\boldsymbol{n}}_i$ 为平面 i 的法向矢量；$\hat{\boldsymbol{s}}$ 为卫星到太阳的方向矢量；δ_i 为平面 i 的散射系数；ρ_i 为平面 i 的反射系数；n_f 为卫星平面的总个数。

Box-wing 模型常用于低轨卫星定轨，UTOPIA 定轨软件中应用的就是该模型。

2. ECOM 太阳光压模型

ECOM 太阳光压模型是 CODE 分析中心以 ROCK 模型为先验模型建立的太阳光压模型，是目前各分析中心使用最多、定轨效果较好的光压模型。该模型表示

(Dach et al., 2015) 为

$$\begin{cases} \boldsymbol{a}_{\mathrm{SR}} = \boldsymbol{a}_{\mathrm{ROCK}} + \boldsymbol{a}_D + \boldsymbol{a}_Y + \boldsymbol{a}_X \\ \boldsymbol{a}_D = (a_{D0} + a_{DC} \cdot \cos u + a_{DS} \cdot \sin u) \cdot \boldsymbol{e}_D = D(u) \cdot \boldsymbol{e}_D \\ \boldsymbol{a}_Y = (a_{Y0} + a_{YC} \cdot \cos u + a_{YS} \cdot \sin u) \cdot \boldsymbol{e}_Y = D(u) \cdot \boldsymbol{e}_Y \\ \boldsymbol{a}_X = (a_{X0} + a_{XC} \cdot \cos u + a_{XS} \cdot \sin u) \cdot \boldsymbol{e}_X = D(u) \cdot \boldsymbol{e}_X \end{cases} \quad (3.2.17)$$

式中，$\boldsymbol{a}_{\mathrm{ROCK}}$ 是应用于 GPS 卫星的太阳光压模型 (ROCK 模型) 计算的先验加速度；a_{D0}, a_{DC}, a_{DS}, a_{Y0}, a_{YC}, a_{YS}, a_{X0}, a_{XC}, a_{XS} 是待求的 9 个光压参数；$\boldsymbol{e}_D$ 为太阳至卫星的单位向量；$\boldsymbol{e}_Y = \dfrac{\boldsymbol{e}_D \times \boldsymbol{r}}{|\boldsymbol{e}_D \times \boldsymbol{r}|}$；$\boldsymbol{e}_X = \boldsymbol{e}_Y \times \boldsymbol{e}_D$；$X$、$Y$、$D$ 轴呈右手系；u 是在时间 t 上卫星的纬度。

该模型中包含 9 个待估光压参数，称为 ECOM9 参数模型。由于参数之间的强相关性，实际定轨应用时一般只估计三个方向上的 3 个常数项 a_{D0}、a_{Y0} 和 a_{X0} 以及 X 向上的周期项 a_{XC}、a_{XS}，称为简化的 ECOM 模型，即 ECOM5 模型。

该模型虽为太阳光压模型，但实际定轨中吸收了其他未模制的误差，在卫星定轨时，通常使用该光压模型和伪随机脉冲参数模型来计算太阳光压、大气阻力等引起的摄动加速度。

3.2.7 地球辐射压摄动

地球辐射压包括地球反照辐射压和红外辐射压，均随地理纬度和季节而变化，计算步骤如下。

(1) 计算地球反照率 A_1 和地球红外辐射率 E_{m}：

$$A_1 = 0.34 + 0.1 \cos\left[\frac{2\pi}{365.25}(t - t_0)\right] \sin\varphi + 0.29\left(\frac{3}{2}\sin^2\varphi - \frac{1}{2}\right) \quad (3.2.18)$$

$$E_{\mathrm{m}} = 0.68 - 0.07 \cos\left[\frac{2\pi}{365.25}(t - t_0)\right] \sin\varphi - 0.18\left(\frac{3}{2}\sin^2\varphi - \frac{1}{2}\right) \quad (3.2.19)$$

式中，t 为观测时刻；t_0 为周期项的起始历元；φ 为纬度。

(2) 计算由地球反照辐射和红外辐射引起的摄动加速度 $\boldsymbol{a}_{\mathrm{ER}}$：

$$\begin{cases} \boldsymbol{a}_{\mathrm{AL}} = \iint\limits_{(w)} \rho_{\mathrm{SR}} \left(\dfrac{a_{\mathrm{U}}}{r_{\mathrm{S}}}\right)^2 \dfrac{1+\eta_{\mathrm{S}}}{\pi} \left(\dfrac{A}{m}\right) \dfrac{A_1 \cos\theta_{\mathrm{S}} \cos\alpha}{\rho^2} \left(\dfrac{\boldsymbol{\rho}}{\rho}\right) \mathrm{sgn}(\cos\theta_{\mathrm{S}}) \mathrm{d}s \\ \boldsymbol{a}_{\mathrm{EM}} = \iint\limits_{(w)} \dfrac{\rho_{\mathrm{SR}}}{4} \left(\dfrac{a_{\mathrm{U}}}{r_{\mathrm{S}}}\right)^2 \dfrac{1+\eta_{\mathrm{S}}}{\pi} \left(\dfrac{A}{m}\right) \dfrac{E_{\mathrm{m}} \cos\alpha}{\rho^2} \dfrac{\boldsymbol{\rho}}{\rho} \mathrm{d}s \\ \boldsymbol{a}_{\mathrm{ER}} = \boldsymbol{a}_{\mathrm{AL}} + \boldsymbol{a}_{\mathrm{EM}} \end{cases}$$

$$(3.2.20)$$

式中，a_{AL} 为地球反照辐射压摄动加速度；a_{EM} 为红外辐射压摄动加速度；a_{ER} 为地球反照辐射压摄动加速度与红外辐射压摄动加速度之和；ω 为积分区域，为地球被卫星可见的部分；ρ_{SR} 为地球附近的太阳光压强常数，$4.5605\times10^{-6}\mathrm{N/m^2}$；$a_U$ 为天文单位；ds 为面积元；r_S 为太阳至地球的距离；η_S 为卫星受照表面的反射系数；A 为地球反照和红外辐射压力摄动中所需考虑的卫星截面积；m 为卫星质量；θ_S 为太阳入射角；α 为 ds 的法线与 $\boldsymbol{\rho}$ 间的夹角；$\boldsymbol{\rho}$ 为面积元 ds 上地球反照和红外辐射对卫星的压力方向的矢量，其模为 ρ；当 $x>0$ 时，$\mathrm{sgn}(x)=1$，当 $x\leqslant 0$ 时，$\mathrm{sgn}(x)=0$。

由于对式 (3.2.20) 的积分是困难的，在实际计算中可采用近似方法。把卫星所见表面分成若干个面积元，对每个面积元利用式 (3.2.20) 计算出它们对卫星的反照率加速度 $(d\boldsymbol{a}_{AL})_i$ 和红外辐射加速度 $(d\boldsymbol{a}_{EM})_i$，然后用矢量加法代替积分求得总的 $\boldsymbol{a}_{AL}$、$\boldsymbol{a}_{EM}$：

$$\begin{cases} \boldsymbol{a}_{AL} = \sum_{i\geqslant 1}(d\boldsymbol{a}_{AL})_i \\ \boldsymbol{a}_{EM} = \sum_{i\geqslant 1}(d\boldsymbol{a}_{EM})_i \end{cases}$$

3.2.8 大气阻力摄动

大气阻力摄动指大气对卫星运动产生的阻力，从而引起的卫星运动摄动。对于有太阳帆板的卫星，同时需要考虑太阳帆板产生的大气阻力。大气阻力是耗散力，对近地卫星而言，它的影响非常显著，是近地卫星的主要摄动源之一。大气阻力产生的摄动加速度为

$$\boldsymbol{a}_{DG} = -\frac{1}{2}\rho\frac{C_d}{m}V_r\boldsymbol{V}_r\sum_{i=1}^{n_f}A_i\cos\theta_i \tag{3.2.21}$$

式中，ρ 为大气密度；$\boldsymbol{V}_r$ 为卫星相对大气的速度；V_r 为 $\boldsymbol{V}_r$ 的模；m 为卫星质量；C_d 为大气阻力系数；A_i 为卫星的截面积在垂直于轨道的平面上的投影；θ_i 为平面 i 的法向与卫星到太阳之间的夹角；n_f 为卫星平面的总个数。

3.2.9 经验力摄动

卫星运动过程中受力非常复杂，我们无法准确地模型化非保守力。为了弥补一些作用在卫星上但未能精确模型化的力学因素的影响，通常在定轨中引入一些经验参数。

卫星在运行过程中，受力复杂，很多摄动力无法用数学模型来表示。为了准确描述卫星的运动过程，在实际定轨时，还要考虑经验摄动力 (通常为卫星运行一周，径向、切向和法向的摄动力各一个) 的影响。未模型化的径向、切向与法向摄动力

可表示为

$$\boldsymbol{a}_{\rm rtn} = \begin{bmatrix} a_{\rm r} \\ a_{\rm t} \\ a_{\rm n} \end{bmatrix} = \begin{bmatrix} C_{\rm r}\cos u + S_{\rm r}\sin u \\ C_{\rm t}\cos u + S_{\rm t}\sin u \\ C_{\rm n}\cos u + S_{\rm n}\sin u \end{bmatrix} \qquad (3.2.22)$$

式中, $a_{\rm r}$、$a_{\rm t}$ 和 $a_{\rm n}$ 分别为径向、切向和法向摄动力; $C_{\rm r}$ 和 $S_{\rm r}$ 为径向参数; $C_{\rm t}$ 和 $S_{\rm t}$ 为切向参数; $C_{\rm n}$ 和 $S_{\rm n}$ 为法向参数; u 为卫星的纬度。

有些卫星摄动很突然,也不知其解析表达式,但可以用随机脉冲摄动来表示。实际精密定轨中,随机脉冲一般 6~15min 设置一组参数。

3.2.10 其他摄动力

除以上所谈到的摄动力外,卫星的姿轨控制等影响需根据卫星的具体设计及实际状态进行精确建模。

3.3 轨道数值积分

卫星运动方程是一组复杂的微分方程,无法求得严密解,只能求得近似解。基本的近似方法有两种,一种是解析法,另一种是数值法。解析法能给出显式解,所以对研究卫星的运动规律是有帮助的。但它给出的解的过程过于复杂,而且有些摄动源又难以给出相应的精确力学模型,所以不能适应现代高精度定轨要求。用数值积分法求卫星运动方程的解,在卫星轨道计算中称为特别摄动法。其优点是可以比较完善地估计卫星受到的各种摄动力,而且把这些摄动力作为一个整体来处理,公式简便,因此可以获得高精度的定轨结果。对于当今高精度的定轨实际需要,它是必不可缺的。

数值法就是以数值积分法解卫星运动微分方程,即直接对直角坐标形式的卫星运动方程进行数值积分,以参考历元的卫星位置和速度作为初值,逐步求得任意时刻的卫星的位置和速度。数值积分法可以分为单步法和多步法。卫星定轨中单步法一般只是用于多步法的起步算法,当采用单步法推出足够的步点后,就可采用高精度的多步法往前推算。

常用的单步法是 Runge-Kutta 方法 (RK 方法),其基本思想是间接引用泰勒展开式,即用区间 $[t_i,t_{i+1}]$ 上若干个右函数值的线性组合来代替右函数 $\boldsymbol{f}$,相应的组合系数由泰勒展开式确定,这样既可避免高阶导数的复杂计算,又保证了计算精度。为了克服 RK 方法截断误差较难估计的缺点,在精度要求较高的卫星运动方程数值积分时,应采用 Runge-Kutta-Fehlberg 方法 (RKF 方法),它是一种嵌套的 RK 方法,即同时给出 n 阶和 $n+1$ 阶两组 RK 计算公式,用两组公式计算出的 x_{i+1} 之差来估计截断误差,根据截断误差的大小来控制积分步长。RKF 方法比较简单, 容易在计算机上实现, 而且变步长方便, 能保持所需要的精度, 稳定度也较好, 是目前较多采用的单步法。

在卫星运动方程的数值积分中, 单步法只是用于多步法的起步计算, 当采用单步法推出足够的步点后, 就可采用高精度的多步法往前推算。常用的线性多步法有 Adams-Cowell 方法、KSG 方法、预估–校正算法 (简称 PECE 算法)、部分预估–校正算法 (简称 PEEE 算法) 等。目前, 世界上普遍使用 Adams-Cowell 方法和 KSG 方法对小偏心率轨道进行积分 (付兆萍, 2006)。

无论是 Adams-Cowell 方法还是 KSG 方法都是定步长方法, 它们在处理小偏心率问题时比较有利。随着偏心率增加, 定步长方法需要在近地点附近减小步长以确保计算精度, 但是由于步长是固定的, 较小的步长在远地点附近会造成效率的浪费。变步长方法在近地点附近减小步长以满足精度要求, 在远地点附近则相应增大步长 (李济生, 1995)。变步长方法又分为解析变步长方法和控制误差变步长方法。

不同轨道情况下定步长 Adams-Cowell 方法、控制误差变步长 Adams-Cowell 方法以及解析变步长 Adams-Cowell 方法的适用情况的仿真试验研究表明, 无论是变步长方法还是定步长方法, 其精度和效率都和卫星轨道有密切的关系, 各种方法的精度都随着轨道偏心率的增加而下降, 随着卫星近地点高度的增加而提高。卫星轨道的偏心率对积分方法的选择具有决定性影响, 随着偏心率的增加, 定步长方法需要减小步长以保证积分精度, 但步数的增加将会导致其效率降低, 变步长方法也需要多次变步长才能满足精度要求, 其效率也随着偏心率的增加而下降。在大偏心率情况下, 变步长方法比定步长方法更有优势。无论是低轨情况 (近地点高度 7×10^6m), 还是高轨情况 (近地点高度 3.8×10^7m), 定步长方法和变步长方法效率好坏的临界偏心率都为 0.15 左右 (张舒阳, 2009)。

3.4 参数估计方法

3.4.1 观测方程的线性化

假定在 t_i 时刻得到一个观测 Y_i, 则观测方程

$$Y_i = G(\boldsymbol{X}_i, t_i) + \varepsilon_i \tag{3.4.1}$$

式中, $\boldsymbol{X}_i$ 是卫星在 t_i 时刻的状态矢量; $G(\boldsymbol{X}_i, t_i)$ 是观测数据 Y_i 对应的真值; ε_i 是 Y_i 的随机噪声。

卫星在 t_i 时刻的状态矢量 $\boldsymbol{X}_i$ 与待求的某历元时刻的状态矢量 $\boldsymbol{X}_0$ 存在某种函数关系

$$\boldsymbol{X}_i = \theta_i(\boldsymbol{X}_0, t_0, t_i) \tag{3.4.2}$$

将式 (3.4.2) 代入式 (3.4.1) 中，得

$$\begin{aligned} Y_i &= G(\theta_i(\boldsymbol{X}_0, t_0, t_i), t_i) + \varepsilon_i \\ &= \tilde{G}_i(\boldsymbol{X}_0, t_0, t_i) + \varepsilon_i \end{aligned} \quad (3.4.3)$$

对于在某时间区间上的 m 维观测矢量 $\boldsymbol{Y}$，定义

$$\boldsymbol{Y} = \begin{pmatrix} Y_1 \\ Y_2 \\ \vdots \\ Y_m \end{pmatrix}, \quad \tilde{\boldsymbol{G}} = \begin{pmatrix} \tilde{G}_1(\boldsymbol{X}_0, t_0, t_1) \\ \tilde{G}_2(\boldsymbol{X}_0, t_0, t_2) \\ \vdots \\ \tilde{G}_{m'}(\boldsymbol{X}_0, t_0, t_m) \end{pmatrix}, \quad \boldsymbol{\varepsilon} = \begin{pmatrix} \varepsilon_1 \\ \varepsilon_2 \\ \vdots \\ \varepsilon_m \end{pmatrix}$$

则有

$$\boldsymbol{Y} = \tilde{\boldsymbol{G}}(\boldsymbol{X}_0, t_0, t) + \boldsymbol{\varepsilon} \quad (3.4.4)$$

假定状态矢量的初始值 X^* 与实际轨道足够接近，则可将实际轨道在 X^* 处进行泰勒展开。令 $x(t) = X(t) - X^*(t)$，则

$$\begin{aligned} \dot{X} &= F(X, t) = F(X^*, t) + \left(\frac{\partial F}{\partial X}\right)^* x + \cdots \\ Y &= G(X, t) + V = G(X^*, t) + \left(\frac{\partial G}{\partial X}\right)^* x + \cdots + \varepsilon \end{aligned} \quad (3.4.5)$$

略去高阶项，并令 $Y^* = G(X^*, t)$，则得

$$\begin{aligned} \dot{x} &= \dot{X} - \dot{X}^* = A(t)x \\ y &= Y - Y^* = \tilde{H}x + \varepsilon \end{aligned} \quad (3.4.6)$$

式中，$A(t) = \left.\frac{\partial F}{\partial X}\right|_{X^*}$，$\tilde{H} = \left.\frac{\partial G}{\partial X}\right|_{X^*}$。由线性估值理论可知，式 (3.4.6) 第一式的一般解为

$$x = \Phi(t, t_0)x_0 \quad (3.4.7)$$

式中，$\Phi(t, t_0)$ 称为状态转移矩阵。

将式 (3.4.7) 代入式 (3.4.6) 中的第二式，得

$$y = \tilde{H}x + \varepsilon = \tilde{H}\Phi(t, t_0)x_0 + \varepsilon = Hx_0 + \varepsilon \quad (3.4.8)$$

式中，$H = \tilde{H}\Phi(t, t_0)$。式 (3.4.8) 即为线性化的观测方程。

3.4.2 参数估计方法简述

对式 (3.4.7) 和式 (3.4.8) 进行求解,确定 X_0 的最佳估值。确定最佳估值的方法可分为两类:批处理方法和序贯处理方法。批处理是待观测结束后,用所有资料求某一历元时刻状态量的最佳估计,由于观测数据多,且具有统计特性,因此解算精度较高。序贯处理方法是一种递推算法,它可以像卡尔曼滤波那样逐步递推,也可分段递推,两者的递推原理是一样的。对于卫星定轨而言,通常高精度的事后处理都采用批处理。

1. 批处理方法

这里介绍的批处理方法是加权最小二乘法。

对式 (3.4.8) 采用加权最小二乘法可得初始状态向量的改正值及协方差为

$$\hat{x}_0 = (H^{\mathrm{T}}PH)^{-1}H^{\mathrm{T}}Py$$
$$D_{x_0} = (H^{\mathrm{T}}PH)^{-1}\hat{\sigma}_0^2 \tag{3.4.9}$$

式中,$\hat{\sigma}_0^2 = V^{\mathrm{T}}PV/(m-n)$,$P$ 为观测向量的权阵,V 为改正数,m 为观测个数,n 为待估参数个数。

在利用观测资料进行定轨时,需要将观测方程在卫星近似位置处展开,为了尽量减小线性化带来的截断误差,要求估值过程的初值很接近于真值。但实际上这是很难保证的。为此,需要使用迭代方法求解过程,每次迭代都采用最新估值作为线性化的基准值。

设第 i 次迭代得到的解为 $\hat{x}_{i+1}$,则被估状态矢量的最新估值为

$$\hat{X}_{i+1} = \hat{X}_i + \hat{x}_{i+1} = X_0 + \sum_{i=1}^{i+1}\hat{x}_i \tag{3.4.10}$$

式中,$\hat{X}_i$ 为第 $i-1$ 次迭代后得到的被估状态矢量的估值;X_0 为估值状态矢量的先验值。第 $i+1$ 次迭代时,式 (3.4.8) 需在 $\hat{X}_{i+1}$ 处线性化。这样一直迭代至满足收敛准则为止。可采用下式作为收敛判式:

$$\sqrt{(\hat{x}_1)_0^2 + (\hat{x}_2)_0^2 + (\hat{x}_3)_0^2} \leqslant \delta \tag{3.4.11}$$

式中,$(\hat{x}_1)_0$、$(\hat{x}_2)_0$ 和 $(\hat{x}_3)_0$ 是 $\hat{x}_0$ 中卫星位置分量的改正值;δ 为一给定的值。当满足式 (3.4.11) 时,迭代终止,否则令 $X_0^* = \hat{X}_0$,重新开始计算。

2. 序贯处理方法

这里介绍的是推广的卡尔曼滤波方法。

已知 t_j 时刻的估值 $\hat{X}_j$ 及其协方差矩阵 P_j，对 t_k 时刻的一个新观测数据需将状态矢量由 t_j 积分到 t_k。设 t_j 到 t_k 时刻的状态转移矩阵为 $\Phi(t_k, t_j)$，则 t_k 时刻的参数向量及协方差为

$$\begin{cases} \overline{x}_k = \Phi(t_k, t_j)\hat{X}_j \\ \overline{P}_k = \Phi(t_k, t_j)P_j\Phi^{\mathrm{T}}(t_k, t_j) \end{cases} \tag{3.4.12}$$

假定在 t_k 时刻有观测方程

$$\begin{cases} y_k = H_k x_k + V_k \\ x_k = X_k - X_k^* \end{cases} \tag{3.4.13}$$

设 t_k 时刻的观测权阵为 W_k，则 x_k 的最优估计为

$$\begin{cases} \hat{x}_k = (H_k^{\mathrm{T}} W_k H_k + \overline{P}_k^{-1})^{-1}(H_k^{\mathrm{T}} W_k y_k + \overline{P}_k^{-1}\overline{x}_k) \\ \hat{X}_k = X_k^* + \hat{x}_k \end{cases} \tag{3.4.14}$$

其协方差矩阵为

$$P_k = (H_k^{\mathrm{T}} W_k H_k + \overline{P}_k^{-1})^{-1} \tag{3.4.15}$$

则有

$$P_k^{-1} = H_k^{\mathrm{T}} W_k H_k + \overline{P}_k^{-1} \tag{3.4.16}$$

将上式左乘 P_k，然后再右乘 $\overline{P}_k$ 得到

$$\overline{P}_k = P_k H_k^{\mathrm{T}} W_k H_k \overline{P}_k + P_k \tag{3.4.17}$$

或

$$P_k = \overline{P}_k - P_k H_k^{\mathrm{T}} W_k H_k \overline{P}_k \tag{3.4.18}$$

将 (3.4.17) 式两边右乘 $H_k^{\mathrm{T}} W_k$ 得

$$\begin{aligned} \overline{P}_k H_k^{\mathrm{T}} W_k &= P_k H_k^{\mathrm{T}} W_k (H_k \overline{P}_k H_k^{\mathrm{T}} W_k + I) \\ &= P_k H_k^{\mathrm{T}} W_k (H_k \overline{P}_k H_k^{\mathrm{T}} + W_k^{\mathrm{T}}) W_k \end{aligned} \tag{3.4.19}$$

综合公式 (3.4.18) 和 (3.4.19) 可知

$$P_k = \overline{P}_k - \overline{P}_k H_k^{\mathrm{T}}(H_k \overline{P}_k H_k^{\mathrm{T}} + W_k^{\mathrm{T}})^{-1} H_k \overline{P}_k \tag{3.4.20}$$

将权矩阵 K_k (也称之为卡尔曼增益矩阵，或直接叫做增益矩阵) 定义为

$$K_k = \overline{P}_k H_k^{\mathrm{T}}(H_k \overline{P}_k H_k^{\mathrm{T}} + W_k^{\mathrm{T}})^{-1} \tag{3.4.21}$$

代入式 (3.4.18) 得

$$P_k = (I - K_k H_k)\overline{P}_k \tag{3.4.22}$$

把式 (3.4.22) 代入式 (3.4.14)，可得

$$\hat{x}_k = \overline{x}_k + K_k(y_k - H_k \overline{x}_k) \tag{3.4.23}$$

式 (3.4.23) 和 (3.4.22) 即卡尔曼滤波方法给出的最佳估值及其协方差矩阵。

由式 (3.4.23) 解出 $\hat{x}_k$ 之后，对 t_k 时刻的参考积分轨道进行修正：

$$\hat{X}_k = X_k^* + \hat{x}_k \tag{3.4.24}$$

然后，对运动方程重新初始化，把运动方程中原参考轨道换成式 (3.4.24) 中得出的 t_k 时刻的最佳估值。把运动方程积分至 t_{k+1} 时刻以处理 t_{k+1} 的观测数据。由于被积分的参考轨道已换为式 (3.4.24) 中得出的 t_k 时刻的最佳轨道，所以 $\hat{x}_k=0$，从而 $\overline{x}_{k+1}=0$。因此，t_{k+1} 时刻的最佳估值成为

$$\hat{X}_{k+1} = K_{k+1} y_{k+1} \tag{3.4.25}$$

式 (3.4.25) 和式 (3.4.22) 给出了推广的卡尔曼滤波方法的解及其协方差矩阵。如上所述，在滤波过程中，积分运动方程时要不断进行初始化，以便用最新的估值更新积分轨道。

随着观测数据的增多，协方差矩阵 $\overline{P}_k$ 的值将趋于 0，结果使滤波对任何更多的新观测数据不再敏感。线性化带来的误差、动力学模型误差以及计算误差等，会使滤波过程发散，这是卡尔曼滤波方法的缺点。推广的卡尔曼滤波方法则用轨道的最新估值不断取代参考轨道，从而克服了线性化带来的误差，这就是推广的卡尔曼滤波方法与卡尔曼滤波方法的区别之处。

3.5 轨道精度评定

目前，常用的轨道精度评估方法包括观测资料的拟合程度、重叠弧段检验、弧段端点的衔接程度、独立轨道比较 (外符合精度)、站星观测检核等。

3.5.1 观测资料的拟合程度

观测资料的拟合程度是轨道精度的一个重要但不可靠的标志，一般来说，要判断轨道的精度，首先要看观测资料的拟合程度。如果观测资料的残差很大，比如比观测的标称精度大一个数量级，则说明计算结果可能有误，应该重新检查计算采用的模型和程序。只有当观测资料的拟合达到令人满意的程度，或者从观测资料残差

RMS 看不出明显的计算错误时，才可以用其他的方法来对轨道精度进行评价。但不能将观测资料的拟合程度当作评价轨道的唯一和绝对标志。当计算模型没有明显的改进时，不能一味地追求更小的残差 RMS。RMS 受测量数据的数量和误差、定轨弧段的长短、定轨过程中待估参数的数目和分段方法、数据剔除标注，以及轨道数值积分的精度和收敛标准等因素的影响。

定轨残差是分析定轨结果的第一手资料。某些系统误差和动力学模型误差存在线性或周期性规律，对残差时间序列进行频谱分析能够发现这类误差，对其建模修正后可以提高定轨精度 (李济生，1995)。

3.5.2 重叠弧段检验

重叠弧段比较时，相邻计算弧段有一段较短时间的重叠，通过比较这段时间内两相邻弧段的重叠程度来判断轨道的精度，如图 3.5.1 所示。在重叠弧段内，由于相邻计算弧段使用了相同的观测资料，所以这种方法所显示的精度可能比实际的轨道精度稍好。但是，在计算弧段中的任意一段时间内，卫星的位置解并非完全由这段时间内的观测资料决定，而是与计算弧段中其他时段的观测资料有密切的关系。所以，仍然可以把弧段重叠作为检验轨道精度的一个重要方法。通常定轨中认为弧段的中间部分结果最好，可以作为标准轨道与下一次定轨的轨道进行比较。

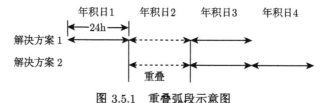

图 3.5.1 重叠弧段示意图

通常以重叠弧段轨道差异的 RMS_{3d} 作为衡量指标，具体计算公式为

$$\text{RMS}_{3d} = \sqrt{\frac{\delta_x^2 + \delta_y^2 + \delta_z^2}{3}} \tag{3.5.1}$$

其中，δ_x、δ_y、δ_z 分别表示重叠轨道三个直角坐标分量差异的标准差。

$$\delta_x = \sqrt{\frac{1}{n}\sum_{i=1}^{n}(\mathrm{d}x_i)^2} \tag{3.5.2}$$

其中，n 为参与轨道比较的历元个数；$\mathrm{d}x_i$ 为 i 历元两种轨道位置向量 X 方向差异。δ_y、δ_z 的计算类似。

3.5.3 弧段端点的衔接程度

该方法与重叠弧段类似，不同的是相邻计算弧段并没有公共的计算时段，只有一个公共的弧段端点，以公共的弧段端点处两个计算弧段的衔接程度来判断轨道的精度。由于两个相邻弧段在计算时没有公共的观测资料,因此两弧段公共端点处卫星位置的解具有独立性,公共端点的衔接程度可以作为评价轨道精度的一个很强的标准。但是,用这种方法评价轨道的精度也有其内在的缺陷。短周期(即轨道周期)误差是其轨道误差中最重要的部分。在两弧段的重叠端点处,如果轨道周期误差刚好同相,则公共端点的衔接程度就比较好;相反,如果轨道周期误差刚好反相,则公共端点的衔接程度就会很差。由于一对相邻弧段最多只能获得一个公共端点(当两弧段之间有轨道机动时,将不能获得公共端点),因此,在重叠端点的样本数不够大时,用这种方法评价轨道的精度可能会存在一定的偶然性。

3.5.4 独立轨道比较

独立轨道比较可以指不同技术,也可以指不同的机构所确定的轨道之间的相互比较。通常对同一批观测数据,不同的研究机构使用的定轨软件是不一样的,这些软件在定轨观测模型、动力学模型和参数估计方法等方面有不同的实现方式,即使同一套软件,所采用的处理策略也不尽相同。可以对不同机构独立算得的轨道进行比较,来评价轨道的精度。由于两家机构采用的定轨模型、软件和具体处理方法不同,用这种方法对轨道精度进行评价是比较可靠的。这种方法的缺陷是:比较结果中可能包含了由于所用模型不同而带来的系统误差。另外由于两家的轨道都存在误差,因此也很难根据轨道比较的结果来确定轨道的实际精度、计算公式同重叠弧段轨道差异。除非是采用非常权威的机构解算的轨道作为参考轨道,否则不能检查出另一机构的定轨结果精度。

3.5.5 站星观测检核

由于 SLR 距离观测精度高,站星观测检核主要是采用 SLR 距离观测数据。观测资料的改正主要考虑对流层折射修正、广义相对论修正、质心补偿修正和测站偏心修正。如果采用较高的高度角的 SLR 观测数据,其所受的大气影响会更小。

参 考 文 献

付兆萍. 2006. 卫星轨道运动方程数值算法研究 [D]. 华中科技大学硕士学位论文
李济生. 1995. 人造卫星精密轨道确定 [M]. 北京: 解放军出版社
张舒阳. 2009. 卫星轨道方程的数值积分 [D]. 国防科技大学硕士学位论文
刘林. 1992. 人造地球卫星轨道力学 [M]. 北京: 高等教育出版社
Dach R, Lutz S, Walser P, et al. 2015. Bernese GNSS Software, Version 5.2. Bern, Switzerland: Astronomical Institute, University of Bern
URLftp://ftp.aiub.unibe.ch/BERN50/DOCU/DOCU50.pdf.User manual

第 4 章　SLR 技术卫星定轨

4.1　概　　述

如 1.2.1 节所述，SLR 技术是利用激光测距仪测定地面观测站至卫星的距离，用来确定卫星的轨道参数、地球定向参数、地球参考框架、地球低阶重力场系数、地球质心变化、观测站的站坐标和运动速度及评估微波轨道精度和进行广义相对论验证等的测量技术。它是一种绝对无偏的对天气敏感的测量技术，当下雨或者多云等观测条件较差的时候，可能无法进行 SLR 测量，因此它不是一个全天候的测量技术，但它与 VLBI、GNSS、DORIS 等共同组成现代高精度空间大地测量技术，在地球参考框架建立与维持、地球定向参数 (如 EOP) 确定、地球重力场建模等中发挥着重要作用 (Pearlman et al., 2002; Pearlman et al., 2005; Urschl et al., 2005; Gurtner et al., 2005; Meisel et al., 2005)。

SLR 的数据处理方法通常采用动力学方法，其中的卫星轨道参数、测站坐标和地球定向参数等可同时解算，IERS 规范推荐了 SLR 数据处理中的各种模型，包括协议的动力学参考系 (SLR 处理中用的天球参考系)、观测数据的改正模型 (大气折射改正、相对论效应改正、测站潮汐改正等)、卫星轨道计算的力学模型 (地球引力场、固体潮和海潮摄动、太阳辐射压和广义相对论摄动等模型) 及常数系统 (如光速 c、地球引力常数 GM_e 等)。SLR 数据处理中采用这些模型和常数系统就确定了 SLR 地球参考框架的原点和尺度，在卫星轨道确定中用的地球引力场模型的三个一阶系数为零 (即 $C_{10} = C_{11} = S_{11} = 0$)，这样就从理论概念上把 SLR 地球参考框架的原点定义到了地球质心，而光速 c 和地球引力常数 GM_e 以及所采用的相对论效应改正模型确定了地球参考框架的尺度。这就使得 SLR 技术成为地球参考框架原点和尺度因子确定的主要技术，在地球参考框架建立和维持中有着不可或缺的作用。

由于 GNSS 技术存在的问题，自从国际地球参考框架 ITRF2000 启用起，SLR 就成为定义地球参考框架原点的唯一技术，并与 VLBI 技术共同定义了地球参考框架的尺度因子。由于 SLR 技术的观测量是一个无方向观测量，所以 SLR 地球参考框架的定向有一定的随意性。因此，在最早 NASA 哥达德空间飞行中心 (GSFC) 和美国空间研究中心 (CSR) 建立 SLR 地球参考框架时，均采用固定个别测站的经纬度 (如两个站的纬度和一个站的经度) 来确定参考框架的定向。由于大部分激光卫星离地不太远，卫星结构简单，对地球物理因素和质心运动的影响比较敏感，所

4.1 概述

以为监测地球物理参数和地球质心的运动提供了有利条件,如监测低阶重力场、地心运动、地心引力常数 GM_e 测定等。SLR 是目前测定低阶重力场、地心运动精度最高和资料积累相对较长 (目前约 30 多年) 的技术 (Bianco et al., 1998; Lucchesi, 2007; 朱元兰等,2006;朱元兰等,2007)。SLR 测定重力场可以弥补重力卫星在低阶重力场监测上的缺陷,成为完整高精度地球重力场模型不可或缺的监测技术。但是,该技术也有其缺陷性,其全球分布明显不均匀,对阴雨天气敏感,属于非全天候观测技术,目前绝大多数测站具有全天时观测能力,可以进行白天测距,增加了数据观测量,可以成为全天时观测技术。

尽管 SLR 在地壳运动和形变监测中由于其测站分布并不密集而优势不明显,但是通过与其他技术的并置观测可以相互验证一些物理过程,如地震,也可以分析其所包含的地球物理信号,扣除相同的信号后就可研究不同技术之间的系统差,这些都是 SLR 技术非常有价值的研究方向和特点。

SLR 技术的高精度绝对测量特点,使得它成为微波轨道精度评估、系统差标定和雷达观测误差标效等的重要手段甚至唯一手段。截至目前,全球至少有 120 颗空间科学应用卫星或导航卫星带有激光角反射器,其目的就是利用 ILRS 测站的全球分布进行精密定轨、系统差标定和结果检验等,目前进行全球常规观测的激光测距卫星有 20 多颗,对观测较多的卫星,其精密定轨精度可达厘米级,其定轨结果或观测结果可作为微波轨道的评估工具 (Urschl et al., 2005; Wang et al., 2009; Sawabe et al., 1999; Pavlis, 1995)。除了 ILRS 分析中心提供卫星的精密轨道外,一些分析中心还提供 SLR 对部分微波卫星轨道精度的评估和系统差的检验,如欧洲定轨中心 (CODE) 就长期提供每日的 SLR 和微波轨道之间的这种距离残差,并给出 2 颗 GPS 和 3 颗 GLONASS 卫星的距离残差序列分析。分析可以看到不断增长的微波轨道精度和新的激光反射器阵所产生的效果。CODE 轨道显示了 GPS 卫星轨道有 −5.8cm 的平均差和 2.7cm 的标准差,GLONASS 卫星轨道有 −2.3cm 的平均差和 4.9cm 的标准差,引起这些偏差的原因目前还不清楚,但是在距离残差中有明显的依赖弧段的系统差,目前很难将其归于测站或卫星的误差源里,可能是微波定轨的缺陷引起了这种卫星弧段有关的误差 (Urschl et al., 2005)。王小亚等利用 SLR 数据对我国北斗卫星进行了精密定轨,结界表明定轨残差通常好于 5cm,并将 SLR 观测作为北斗卫星定轨结果评估的工具,评价效果明显,但是对微波定轨结果的提高还需要长期有效的 SLR 观测评估和轨道估计结果的相互比对来研究其系统差和产生机制。

SLR 技术的另一个特点就是广义相对论效应的验证。近年来,利用 LLR 和 SLR 数据来验证广义相对论效应这一前沿科学问题比较热门,这主要是因为 SLR 数据能够以亚厘米级甚至毫米级的精度来确定卫星轨道,因此,需要考虑广义相对论效应对卫星轨道产生的附加摄动和地球参考系下的时空计算及激光往返时间的修正。Ciufolini 等 (1998; 2009) 根据 SLR 卫星轨道,在 10% 的精度水平,明确检测出了广义相对论预言的 Lense-Thirring 效应,但其检验的精度还有待地球引力场偶阶带谐项对轨道根数摄动扣除效果的提高。

4.2 SLR 观测模型

4.2.1 观测方程

观测模型描述了观测量中所含理论值和观测误差的数学或者物理关系,它是建立观测方程的基础。观测方程是建立观测量与待求参数之间关系的基本方程,是数据处理的基础。观测模型包含在观测方程中,观测方程为

$$\rho = \rho_0 + \Delta\rho_T + \Delta\rho_F + \Delta\rho_R + \Delta\rho_M + \Delta\rho_0 + \Delta\rho_{st} + \varepsilon \tag{4.2.1}$$

式中,ρ 为卫星到测站的实际观测距离;ρ_0 为理论观测距离;$\Delta\rho_T$ 为测站潮汐改正(包括固体潮、海潮和大气潮);$\Delta\rho_F$ 为大气折射改正;$\Delta\rho_R$ 为相对论效应改正;$\Delta\rho_M$ 为卫星质心改正;$\Delta\rho_0$ 为测站偏心改正;$\Delta\rho_{st}$ 为测站板块运动改正。

卫星到测站的理论观测距离 ρ_0 与测站坐标和卫星位置有关,其中卫星位置由卫星初始状态通过轨道数值积分获得,卫星初始状态包括参考时刻的卫星轨道根数或卫星坐标及速度,可通过 ILRS 轨道预报文件获取;测站坐标应采用 IERS 提供的国际地球参考框架 ITRF 最新序列,对于未知的测站坐标,或希望研究其位置变化,或要求更高精度的测站坐标都可以作为待估参数参加估计处理。

卫星到测站的理论距离 ρ_0 通过下式计算:

$$\begin{aligned}\rho_0 &= \sqrt{(\boldsymbol{R}-\boldsymbol{R}^{\text{sta}})^{\text{T}}(\boldsymbol{R}-\boldsymbol{R}^{\text{sta}})} \\ &= \sqrt{(\boldsymbol{r}-\boldsymbol{r}^{\text{sta}})^{\text{T}}(\boldsymbol{r}-\boldsymbol{r}^{\text{sta}})}\end{aligned} \tag{4.2.2}$$

其中,$\boldsymbol{R}$、$\boldsymbol{R}^{\text{sta}}$ 分别为卫星、测站在地球质心惯性坐标系下的位矢;$\boldsymbol{r}$、$\boldsymbol{r}^{\text{sta}}$ 分别为卫星、测站在地固坐标系中的位矢。

4.2.2 误差改正

1. 测站潮汐改正

测站潮汐改正包括固体潮改正、极潮改正、海潮负荷改正以及大气、地表水负荷改正。

1) 固体潮改正

由于日、月等天体引力的作用,地球形状产生潮汐形变,该形变导致了地球上

4.2 SLR 观测模型

测站坐标的变化。这一潮汐形变引起的测站位移为

$$\Delta \boldsymbol{R}_{\mathrm{s}} = \sum_{i=1}^{2} \frac{GM_i}{GM_{\mathrm{e}}} \frac{R_{\mathrm{s}}^4}{r_i^3} \left\{ \left[3l_2 \left(\frac{\boldsymbol{r}_i}{r_i} \cdot \frac{\boldsymbol{R}_{\mathrm{s}}}{R_{\mathrm{s}}} \right) \right] \frac{\boldsymbol{r}_i}{r_i} \right. \\ \left. + \left[3 \left(\frac{h_2}{2} - l_2 \right) \left(\frac{\boldsymbol{r}_i}{r_i} \cdot \frac{\boldsymbol{R}_{\mathrm{s}}}{R_{\mathrm{s}}} \right)^2 - \frac{h_2}{2} \right] \frac{\boldsymbol{R}_{\mathrm{s}}}{R_{\mathrm{s}}} \right\} \quad (4.2.3)$$

式中，r_i 为日、月在地固坐标系中的位矢，$i=1$ 时为月球，$i=2$ 时为太阳；GM_i 为日、月的引力常数；GM_{e} 为地球的引力常数；h_2 为二阶勒夫数，取值为 0.6090；l_2 为志田 (Shida) 数，取值为 0.0852。

由于采用了 h_2 和 l_2，因此还需考虑 k_1 频率项的改正，截取径向位移改正误差为 $0.005\mathrm{m}$，则可以作为测站高程周期变化来实现：

$$\delta h_1 = -0.0253 \sin\phi \cos\phi \sin(\theta_g + \lambda) \quad (4.2.4)$$

式中，ϕ,λ 为测站的地心纬度和经度；θ_g 为格林尼治平恒星时。h_2 和 l_2 经如上取值后还会引入固定形变，这主要是在径向和北向，分别为

$$\delta h_2 = -0.12083 \left(\frac{3}{2} \sin^2\phi - \frac{1}{2} \right), \quad \delta N = -0.05071 \cos\phi \sin\phi$$

2) 极潮改正

由地球自转产生的地球离心力会使地球发生形变，这被称为极潮。极潮与固体潮一样可以引起测站位置的变化，其影响可达厘米级。改正公式为 (取 $h_2=0.6090$，$l_2=0.0852$)

$$\begin{cases} \delta h_{\mathrm{p}} = -0.032 \sin 2\phi (m_1 \cos\lambda + m_2 \sin\lambda) \\ \delta N_{\mathrm{p}} = -0.009 \cos 2\phi (m_1 \cos\lambda + m_2 \sin\lambda) \\ \delta E_{\mathrm{p}} = 0.009 \sin\phi (m_1 \sin\lambda - m_2 \cos\lambda) \end{cases} \quad (4.2.5)$$

式中，$m_1 = x_p - \bar{x}_p$，$m_2 = y_p - \bar{y}_p$ 为瞬时极移与平均值之差；ϕ,λ 为测站的纬度和经度。

3) 海潮负荷改正

由于日、月等天体引力的作用，实际的海平面相对于平均海平面有周期性的潮汐变化，即海潮。地壳对海潮的海水质量重新分布所产生的弹性响应通常称为海潮负荷。有些测站的海潮负荷形变可以达到几个厘米，因此必须进行改正。海潮负荷所引起的测站位移改正是分潮波进行的，由各潮波的海图和格林函数计算得到一测站对应的潮波径向、东西和南北向的幅度以及相对于格林尼治子午线的相位滞后，最后改正为各潮波的叠加。

$$\Delta R_{\text{ocean}} = \begin{pmatrix} \delta h_{\text{oc}} \\ \delta E_{\text{oc}} \\ \delta N_{\text{oc}} \end{pmatrix} = \sum_{i=1}^{N} \begin{pmatrix} A_i^r \cos(\omega_i t' + \phi - \delta_i^r) \\ A_i^{\text{EW}} \cos(\omega_i t' + \phi_i - \delta_i^{\text{EW}}) \\ A_i^{\text{NS}} \cos(\omega_i t' + \phi_i - \delta_i^{\text{NS}}) \end{pmatrix} \quad (4.2.6)$$

式中，A_i^r，A_i^{EW}，A_i^{NS} 分别为分潮波径向、东向和北向的幅度；δ_i^r，δ_i^{EW}，δ_i^{NS} 分别为分潮波相对于格林尼治子午线的相位滞后；ω_i 为分潮波的频率；ϕ_i 为历元时刻的天文辐角。

4) 大气、地表水负荷改正

大气、地表水（包括冰、雪、海底压力）变化产生的负荷形变，同样引起测站位移变化，其影响也可达到厘米级。为确定这一改正，2002 年 2 月，IERS 成立负荷专项局 (Special Bureau on Loading, SBL)，有关改正方法和改正值可从 SBL 获取。

综合固体潮、海潮和极潮引起的测站改正为

$$\Delta \rho_{\text{T}} = \left\{ \Delta \boldsymbol{R}_{\text{s}} + (\text{MLT})^{\text{T}} \begin{pmatrix} \delta E_{\text{p}} + \delta E_{\text{oc}} \\ \delta N + \delta N_{\text{p}} + \delta N_{\text{oc}} \\ \delta h_1 + \delta h_2 + \delta h_{\text{p}} + \delta h_{\text{oc}} \end{pmatrix} \right\} \times \frac{\boldsymbol{r} - \boldsymbol{R}_{\text{s}}}{|\boldsymbol{r} - \boldsymbol{R}_{\text{s}}|} \quad (4.2.7)$$

式中，$(\text{MLT})^{\text{T}}$ 为站心坐标系转换到地固坐标系的旋转矩阵

$$(\text{MLT}) = \begin{pmatrix} -\sin\lambda & \cos\lambda & 0 \\ -\cos\phi\cos\lambda & -\cos\phi\sin\lambda & \sin\phi \\ \sin\phi\cos\lambda & \sin\phi\sin\lambda & \cos\phi \end{pmatrix}$$

2. 大气折射改正

在含有介质的空间中，光的速度是小于真空中光速的，这就使得激光自发射至卫星、再返回测站的时间有一定的延迟，而且由于大气折射效应的影响，光程不是一条直线而是弯曲的线，这两种效应就是 SLR 的大气折射效应。目前对激光测距进行大气折射改正的模型有两种：

(1) Marini-Murry 模型。

$$\Delta \rho_{\text{F}} = \frac{f(\lambda)}{f(\phi, H)} \frac{A + B}{\sin\gamma + \dfrac{B}{(A+B)(\sin\gamma + 0.01)}} \quad (4.2.8)$$

式中，$A = 0.002357P + 0.000141P_{\text{W}}$，$P_{\text{W}} = \dfrac{W}{100} \times 6.11 \times 10^{\frac{7.5 \times (T - 273.15)}{237.3 + (T - 273.15)}}$，为测

4.2 SLR 观测模型

站的水蒸气压强，W 为测站的相对湿度 (%)；$B = 1.084 \times 10^{-8} \times P \times T \times K + \dfrac{2 \times 4.734 \times 10^{-8} \times P^2}{T \times (3 - 1/K)}$，$K = 1.163 - 0.00968\cos 2\phi - 0.00104T + 0.00001435P$，$P$、$T$ 分别为测站的大气压强 (mbar①)、大气温度 (K)；$f(\lambda) = 0.9650 + \dfrac{0.0164}{\lambda^2} + \dfrac{0.000228}{\lambda^4}$，$\lambda$ 为激光的波长，对红宝石激光器，$\lambda = 6943\mu m$，$f(\lambda) = 1$，对 ND:YAG 激光器，$\lambda = 0.532\mu m$，$f(\lambda) = 1.02579$；$f(\phi, H) = 1 - 0.0026\cos 2\phi - 3.1 \times 10^{-7}H$，$H$、$\phi$ 分别为测站的大地高和纬度；γ 为卫星的仰角。

(2) 大气折射改正由两部分组成，其中对流层天顶延迟改正采用 Mendes 和 Pavlis(2004) 提出的模型，映射函数采用 Mendes 等 (2002) 提出的模型。

① 对流层天顶延迟。对流层天顶延迟可分为流体静态力学和非流体静态力学两部分。

➤ 流体静态力学部分改正

$$\begin{cases} d_\mathrm{h}^z = 0.00241579 \dfrac{f_\mathrm{h}(\lambda)}{f(\phi, H)} P_\mathrm{S} \\ f_\mathrm{h}(\lambda) = 10^{-2}\left[\dfrac{k_1^*(k_0 + \sigma^2)}{(k_0 - \sigma^2)^2} + \dfrac{k_3^*(k_2 + \sigma^2)}{(k_2 - \sigma^2)^2}\right] C_{\mathrm{CO}_2} \\ f(\phi, H) = 1 - 0.00266\cos 2\phi - 0.00000028H \end{cases} \quad (4.2.9)$$

式中，$k_0 = 238.0185\mu m^{-2}$；$k_1^* = 19990.975\mu m^{-2}$；$k_2 = 57.362\mu m^{-2}$；$k_3^* = 579.55174\mu m^{-2}$；$\sigma$ 为激光波长的倒数，单位为 μm；λ 为测站的大地经度；ϕ 为测站的大地纬度；H 为测站的大地高，单位为 m；P_S 为测站的压强，单位为 hPa；$C_{\mathrm{CO}_2} = 0.99995995$。

➤ 非流体静态力学部分改正

$$\begin{cases} d_\mathrm{nh}^z = 10^{-4}(5.316 f_\mathrm{nh}(\lambda) - 3.759 f_\mathrm{h}(\lambda)) \dfrac{e_\mathrm{S}}{f(\phi, H)} \\ f_\mathrm{nh}(\lambda) = 0.003101(\omega_0 + 3\omega_1\sigma^2 + 5\omega_2\sigma^4 + 7\omega_3\sigma^6) \\ e_\mathrm{S} = \dfrac{e}{100} \times 6.11 \times 10^{\frac{7.5 \times (T - 273.15)}{237.3 + (T - 273.15)}} \end{cases} \quad (4.2.10)$$

式中，$\omega_0 = 295.235$；$\omega_1 = 2.6422\mu m^2$；$\omega_2 = -0.032380\mu m^4$；$\omega_3 = 0.004028\mu m^6$；$e$ 为测站水气压，单位为 hPa。

② 映射函数。

由于在光学波段水汽含量对大气折射贡献很小，因此我们使用统一的映射函

---

① $1\mathrm{bar} = 10^5\mathrm{Pa}$。

数模型：

$$m(\epsilon) = \dfrac{1 + \dfrac{a_1}{1 + \dfrac{a_2}{1 + a_3}}}{\sin\epsilon + \dfrac{a_1}{\sin\epsilon + \dfrac{a_2}{\sin\epsilon + a_3}}} \tag{4.2.11}$$

式中，ϵ 为高度角；a_1, a_2, a_3 为系数。

有两种求得映射函数系数的方法。第一种求得映射函数系数的方法 (FCULa) 需要测站的位置信息和气象数据，公式如下：

$$a_i = a_{i0} + a_{i1} t_{\text{S}} + a_{i2}\cos\phi + a_{i3} H \quad (i = 1, 2, 3) \tag{4.2.12}$$

式中，$a_{10} = (12100.8 \pm 1.9) \times 10^{-7}$；$a_{11} = (1729.5 \pm 4.3) \times 10^{-9}$；$a_{12} = (319.1 \pm 3.1) \times 10^{-7}$；$a_{13} = (-1847.8 \pm 6.5) \times 10^{-11}$；$a_{20} = (30496.5 \pm 6.6) \times 10^{-7}$；$a_{21} = (234.6 \pm 1.5) \times 10^{-8}$；$a_{22} = (-103.5 \pm 1.1) \times 10^{-6}$；$a_{23} = (-185.6 \pm 2.2) \times 10^{-10}$；$a_{30} = (6877.7 \pm 1.2) \times 10^{-5}$；$a_{31} = (197.2 \pm 2.8) \times 10^{-7}$；$a_{32} = (-345.8 \pm 2.0) \times 10^{-5}$；$a_{33} = (106.0 \pm 4.2) \times 10^{-9}$；$t_{\text{S}}$ 为测站的温度，单位为 ℃；ϕ 为测站的大地纬度；H 为测站的大地高，单位为 m。

第二种求得映射函数系数的方法 (FCULb) 不基于任何气象数据，其公式为

$$a_i = a_{i0} + (a_{i1} + a_{i2}\phi_{\text{d}}^2)\cos\left(\dfrac{2\pi}{365.25}(\text{doy} - 28)\right) + a_{i3} H + a_{i4}\cos\phi \tag{4.2.13}$$

式中，ϕ_{d} 为测站的纬度，单位为 (°)；doy 为年积日。$a_{10} = (11613.1 \pm 1.6) \times 10^{-7}$；$a_{11} = (-933.8 \pm 9.7) \times 10^{-8}$；$a_{12} = (595.8 \pm 4.1) \times 10^{-11}$；$a_{13} = (-2462.7 \pm 6.8) \times 10^{-11}$；$a_{20} = (29815.1 \pm 4.5) \times 10^{-7}$；$a_{21} = (-56.9 \pm 2.7) \times 10^{-7}$；$a_{22} = (-165.5 \pm 1.1) \times 10^{-10}$；$a_{23} = (-272.5 \pm 1.9) \times 10^{-10}$；$a_{30} = (68183.9 \pm 9.1) \times 10^{-6}$；$a_{31} = (93.5 \pm 5.4) \times 10^{-6}$；$a_{32} = (-239.4 \pm 2.3) \times 10^{-9}$；$a_{33} = (30.4 \pm 3.8) \times 10^{-9}$。

3. 相对论效应改正

在平直空间中，光的传播速度是不变的数值 c。当存在引力场时，光的传播速度不再是常数，而是恒小于 c 的变量，这使得光在引力场中传播的时间比在无引力场时要长，其差值就是引力场造成的，称为引力时延，即电磁波延迟效应。由这一效应引起的测距修正称为测距的广义相对论效应改正。

太阳引力场引起的相对论效应改正为

$$\varDelta_1 = (1 + \gamma) R_1 \tag{4.2.14}$$

式中，$R_1 = \dfrac{GM_{\text{s}}}{c^2}\lg\left(\dfrac{r_1 + r_2 + \rho}{r_1 + r_2 - \rho}\right)$，$M_{\text{s}}$ 为太阳的质量，r_1 为太阳至卫星的距离，r_2

4.2 SLR 观测模型

为太阳至观测站的距离；$\gamma = 1$ 为相对论效应校正因子。

地球引力场引起的相对论效应改正为

$$\Delta_2 = (1+\gamma) R_2 \tag{4.2.15}$$

式中，$R_2 = \dfrac{GM_e}{c^2} \lg \left(\dfrac{r_1' + r_2' + \rho}{r_1' + r_2' - \rho} \right)$，$M_e$ 为地球质量，r_1' 为地心至卫星的距离，r_2' 为地心至观测站的距离。则太阳和地球引力场对测距的相对论效应改正为

$$\Delta \rho_R = \Delta_1 + \Delta_2 = (1+\gamma)(R_1 + R_2) \tag{4.2.16}$$

对于 SLR，如果在太阳系质心坐标系中进行讨论，必须考虑太阳和地球引力场造成的相对论效应。但如果采用地心坐标系，太阳的引力作用变成了引力潮，其相对论效应可以忽略，只需考虑地球造成的引力时延。对于 Lageos 卫星，SLR 资料中的引力时延是厘米级，数据处理结果的外符精度已达厘米级，因此在归算中应该考虑引力时延。

4. 卫星质心改正

SLR 技术中，激光打中的只是卫星表面一点，由测到往返时间间隔换算得到的距离也只是从测站到卫星表面一点的距离，但是精密星历中的卫星位置却是卫星的质心在地心坐标系中的位置，因此必须对距离进行卫星表面到卫星质心的补偿改正。

卫星质心改正模型取决于卫星的外形、激光反射器位置、卫星姿态和测站 SLR 系统运行方式，该项改正随卫星而异，常用的几个地球动力学卫星的改正模型见表 4.2.1。

表 4.2.1　不同测站 Lageos-1/2 和 Etalon-1/2 的卫星质心改正　（单位：mm）

测站代号	名称	Lageos-1/2	Etalon-1/2
1873	Simeiz	246	598
1879	Altay	251	605
1884	Riga	250	607
7080	McDonlad	249	603
7090	Yarragadee	249	603
7105	Greenbelt	249	603
7110	Mon. Peak	249	603
7119	Haleakala	249	603
7124	Tahiti	249	603
7237	Changchun	248	575
7249	Beijing	251	575

续表

测站代号	名称	Lageos-1/2	Etalon-1/2
7355	Urumqi	251	581
7358	Tanegashima	250	607
7405	Concepcion	246	575
7406	San Juan	250	581
7501	Hartebeesthoek	247	603
7806	Metsahovi	251	607
7810	Zimmerwald	248	572
7811	Borowiec	253	607
7824	San Fernando	249	578
7825	Stromlo	252	581
7832	Riyadh	249	578
7835	Grasse	250	609
7836	Postdam	254	609
7838	Simosato	250	607
7839	Graz	252	574
7840	Herstmonceux	245	565
7841	Postdam3	251	609
7941	Matera	250	610
8834	Wettzell	250	608

5. 测站偏心改正

激光测距时，为了保持精确的激光观测站的坐标，需要把激光测距系统的光学中心联测到附近的一个固定点上，两点的联测坐标之差为偏心改正。通常先用该固定点的坐标加偏心改正得到激光观测的光学中心坐标。若激光测距系统的光学中心偏差为 Δr_o，则

$$\Delta r_o = \begin{pmatrix} -\sin L & -\cos L \sin\phi & \cos L \cos\phi \\ \cos L & -\sin L \sin\phi & \sin L \cos\phi \\ 0 & \cos\phi & \sin\phi \end{pmatrix} \Delta r \quad (4.2.17)$$

式中，$\Delta r = (\Delta E, \Delta N, \Delta U)^T$ 为光学中心偏差，ΔE 为光学中心相对于测站坐标东向的偏心量，ΔN 为光学中心相对于测站坐标北向的偏心量，ΔU 为光学中心相对于测站坐标垂直向的偏心量；L 为测站的地心经度；ϕ 为测站的地心纬度。

激光测距系统的光学中心偏差对观测距离的影响为

$$\Delta \rho_o = \Delta r_o \cdot R \quad (4.2.18)$$

6. 测站板块运动改正

板块运动引起的测站位移与采用的地固坐标系历元有关。板块运动对测站坐标的影响为

$$\Delta r = v(t - t_0) \tag{4.2.19}$$

式中，t 为计算时刻；t_0 为激光站坐标的参考历元；v 为测站位移速度矢量。

板块运动对测站观测卫星距离的影响为

$$\Delta \rho_{\text{st}} = \Delta r_{\text{t}} \cdot R \tag{4.2.20}$$

4.3 SLR 数据处理策略

4.3.1 SLR 数据预处理策略

在 SLR 数据处理中，首先需要对 SLR 数据进行预处理，包括 SLR 数据格式转化、数据文件合并、野值剔除、排序等，其中有一些特别需要注意的策略。SLR 数据格式转化包括将不同格式的 SLR 观测数据 (如目前常用的 Full Rate 数据格式、MERIT-II 数据格式、CRD 数据格式等) 转化为数据处理所需要的观测文件格式，转换格式尽可能包括所有格式，因为有个别站没有统一到新的格式时也可以保障该站纳入 SLR 数据处理中了，从而保证有足够多的测站数据文件参与计算。SLR 数据处理都是多天数据一起处理的，所以需要将其数据合并，SLR 数据文件合并是将每日观测合并成所需要观测弧长数据文件，而 SLR 数据是由 SLR 测站每日观测后上传到数据中心的，不同测站上传的频率和快慢不同，有的测站甚至滞后多天一起上传数据，所以这些站的数据在数据中心合并时不同天的数据出现在某日，而应该有数据的天可能没有数据，因此，在 SLR 数据预处理进行数据合并时，尽可能包括所需日期前后 1 周的数据，这样才不会丢失数据。进行 SLR 数据预处理时，野值剔除标准可以适当放宽，因为数据后续处理时可通过迭代计算继续剔除野值，放宽就可以使得预处理时尽可能不要因为初轨误差、测站位置误差等剔除有用数据。数据排序必须进行，因为有些数据观测时间顺序并没有按照时间先后排列，而 SLR 数据处理软件通常要求其按观测时间排列，为此必须进行排序，并剔除重复观测数据，为定轨解算准备好观测文件。

4.3.2 SLR 数据加权策略

在 SLR 数据处理中，对测站观测的加权通常是很主观的，甚至是武断的，一般是采用经验权重进行数据处理，这影响了有效数据的最优化利用。为此，需要找到一个客观的方式来确定测站数据的权重和剔除标准。Jesús 等 (2007) 提出了一种将模糊逻辑 (Fuzz-Logic) 技术应用于 SLR 数据处理的方法，Fuzz-Logic 技术在

大地测量和地理信息系统中已被证明很有潜力，它原来是基于 Zadeh(1996) 的思想由 Bellman 等 (1966) 和 Ruspini(1969) 的工作发展起来的，Dunn(1974) 构造了 FCM(Fuzzy C-Mean) 算法，以后又由 Bezdek(1987) 进行了推广，大多数分析模糊集技术的方法都是由 Bezdek 的 FCM 方法推导出来的，但是这个方法又不是基于一个完全可靠的标准来的，存在提供不了可靠解的可能性。因此 Flores-Sintas 等 (1998) 分析了这种可能性，重构了 FCM 算法。Jesús 等就利用 Flores-Sintas 的改进 FCM 算法，根据当时 ILRS 对测站评价的准则加权 SLR 观测来进行最优 SLR 数据处理，这个准则包括数据数量、数据质量和运行的协议遵守情况三个因素，该准则是 1996 年 Pearlman 在上海 ILRS 数据分析工作组会议上提出的高质量 SLR 测站标准。根据该 ILRS 测站评价准则产生聚类过程就可以对测站进行分类，给出每个测站的权重，这个过程也推出了相对客观的数据剔除标准从而使得定轨精度有 5%~20% 的提高。目前我国 SLR 数据处理的权重和剔除标准也是人为给定的，通过处理发现结果差，再进行人工干预调整，但该方法不利于 SLR 数据处理的自动化和结果的及时发送，为此引入 Flores-Sintas 的改进模糊聚类方法重新对 SLR 测站观测进行定权，采用全球 SLR 测站性能报告给出的有关参数，包括测站标准点总数、标准点 RMS 值和标准点合格率等，进行分类定权。

改进的 FCM 算法按照下面的步骤确定 SLR 测站权重和剔除标准。

(1) 按照各个测站的多种属性样本 x(涉及测站的数据数量、数据质量和测站运行情况等性质的参数)，对测站进行模糊分类，事先给定类别数 c 和一个收敛标准 ε，按照式 (4.3.1) 中的各种条件，初始化各个测站的隶属度 u(与测站权重有关)

$$u_{xk} = [0,1], \quad \sum_{k=1}^{c} u_{xk} = 1, \quad \sum_{x \in X} u_{xk} > 0, \quad k = 1, 2, \cdots, c \qquad (4.3.1)$$

$$u_{xk}^{(0)} = \{0,1\}, \quad k = 1, 2, \cdots, c \qquad (4.3.2)$$

(2) 根据初始化后的 u 以及测站的属性样本集 x，按照下式，计算初始聚类中心 $v_k^{(0)}$：

$$v_k^{(0)} = \frac{\sum\limits_{x \in X}(u_{xk}^{(0)})^2 x}{\sum\limits_{x \in X}(u_{xk}^{(0)})^2}, \quad \forall k \in \{1, 2, \cdots, c\} \qquad (4.3.3)$$

(3) 计算得到 $g_{v_k}^{(0)}$

$$\Lambda_k = \frac{\sum\limits_{x \in X} (u_{xk}^{(0)})^2 (x - v_k^{(0)})(x - v_k^{(0)})^{\mathrm{T}}}{\sum\limits_{x \in X}^{n} (u_{xk}^{(0)})^2}, \quad \forall k \in \{1, 2, \cdots, c\} \quad (4.3.4)$$

令

$$g_{v_k}^{(0)} = |\Lambda_k|^{-1}, \quad \forall k \in \{1, 2, \cdots, c\} \quad (4.3.5)$$

(4) 进行迭代，令 $t = t + 1$，重新计算各个测站的隶属度 u_{xk} 和聚类中心 v_k。

令 $d_{xv_k} = \sqrt{(x - v_k)\Lambda_k^{-1}(x - v_k)^{\mathrm{T}}}$，$\mu_{xv_k}^{(t)} = \dfrac{1}{1 + d_{xv_k}^2}$，则

$$u_{xk}^{(t)} = \frac{(\mu_{xv_k}^{(t)})^{3/2}\sqrt{g_{v_k}^{(t-1)}}}{\sum\limits_{j=1}^{c}\mu_{xv_j}^{3/2}\sqrt{g_{v_j}^{(t-1)}}}, \quad v_k^{(t)}, \quad g_k^{(t)}, \quad \forall k \in \{1, 2, \cdots, c\} \quad (4.3.6)$$

$$v_k^{(t)} = \frac{\sum\limits_{x \in X}(u_{xk}^{(t)})^2 x}{\sum\limits_{x \in X}(u_{xk}^{(t)})^2}, \quad \forall k \in \{1, 2, \cdots, c\} \quad (4.3.7)$$

(5) 判断是否停止迭代，如果停止迭代，输出权重结果。

当 $|v_k^{(t)} - v_k^{(t-1)}| < \varepsilon, \forall k \in \{1, 2, \cdots, c\}$，认为收敛，停止迭代，否则将隶属度 u_{xk} 和聚类中心 v_k 代入第 (3) 步，继续循环，直到收敛。停止迭代后，我们得到的模糊分类的结果，包括按照事先确定的类别数量 c 将测站样本集分成的 c 个模糊类、可以表征相应类别性质的聚类中心 v_k(c 个) 和每个测站样本分别属于这 c 类的隶属度 u_{xk}，隶属度 u_{xk} 越接近于 1，表示该测站越是可能属于该模糊类，越接近于 0，表示该测站越不可能属于此模糊类。然后赋予所分 c 类不同的权重，那么每一个测站的隶属度 u_{xk} 最大值对应的类权重即为该测站的权重。至此，利用 SLR 测站观测情况的各类参数，就可以综合评定给出该测站更为可靠客观的观测权重。

4.3.3 SLR 定轨控制卡

SLR 定轨控制卡是用来控制 SLR 数据处理及其处理策略的文件卡片，不同的定轨软件要求的控制卡文件格式不同，但数据处理要求的参数设置内容相类似。以著名的定轨软件 UTOPIA 为例，说明 SLR 定轨控制卡包含的基本内容。UTOPIA 控制文件主要由 8 个模块组成，每个模块由一个首标志符和多个字段表示，控制着所代表的标志信息的输入、输出和解算策略等特点，如图 4.3.1 所示，下面介绍几个模块的主要功能。

```
initial                ------------------ Lageos1.slr -----------------
lageos1   epoch1                 2018.0              3.0            10.0
          epoch2                    0.0              0.0      0.00000000
          pos         4688571.69413531d0   930683.40753335d0  -11250211.98647374d0
          vel      -1604.73999355934d0  -5376.42065967761d0  -1113.38858102788d0
          end
subarc                         format:  (10x, a6, i4, 3e20.13)
          drag1                   3.0d0
          radpr                   3.0d0
          eradp                   3.0d0
          rtnprt                  3.0d0
/3.0 day  dxpest                  1.0d0
/3.0 day  dypest                  1.0d0
/3.0 day  dutest                  1.0d0
1.0d0
          gcnest                  3.0d0
          end
files
          report  1  1
          regwrt  1
          reswrt  2
          geoid
          64

          end
runmode
          mode    4
          iter   20
          narc    5
          rmsfra                  0.001
          posmin                  0.001
          end
forces
          geo     1  0       398600.4415d0        6378136.3d0         1.
          njmax  30
          nmax   30
          mmax   30
          gm      1           398600.4418
equiva-   drag3   1  1                              -3.90721
lence     drag1   1  0                              -3.90721
          radpr   1                 0.283            0.136257
          shadow  2            6402000.d0
          polmot  1
          gtides  1
          mercur  1
          venus   1
          mars    1
          jupite  1
          saturn  1
          uranus  1
          neptun  1
          pluto   1
          sun     1
          moon    1
          satid              9207002.0              411.0              411.0
          satid              7603901.0              411.0              411.0
          otides  1  0

          end

          eradp   1  4           0.283           0.112901615424         0.0
          eradp1             2444960.5
alempr    al  0 0               0.34              0.5
          al  1 0               0.00              0.5
          al  2 0               0.29              0.5
          em  0 0               0.68              0.5
          em  1 0               0.00              0.5
          em  2 0              -0.18              0.5
          al  1 0     365.25     0.10              0.5
          em  1 0     365.25    -0.07              0.5
end erad
          relprt  1  0
          etper   3
```

4.3 SLR 数据处理策略

```
              spdut1  1
              dtides  1 0              0.30190
              dlag                     2.5                    2.5
              j2dot   1 0              2446431.5              -26.0
              rotdef  1                0.2977                 -0.13149              0.09116
              bihopt  1
              ybias   1
              rtnprt  1
              end
integ/out        i      v1              v2                     v3
 / 3day       tfdays                   7.0d0
              dtnew                    8640000.0d0
              fxstep 214               150.0
              end
sta/obs          i      v1              v2                     v3
              merit2
 iugg         ae                       6378136.49d0
 itrf20       rflat                    298.25645d0
 epoch97.0    plamot   1               2451544.5
 eura         MAIDAN1863               1953257.0750           4588920.5761          3966839.2749
              stavel1863              -.0251                 -.0060                -.0174
  6/ 1/90     eccen27403               5320.0                 0.0000                0.0000           0.100
  4/ 1/91     eccen27403               5320.0                 0.0000                0.0000           0.100
  7/17/92     eccen27403               5320.0                 0.0000                0.0000           0.100
  5/ 1/95     eccen27404               5320.0                 0.0000                0.0000           1.000
  1/ 1/60     eccen28834               5320.0                 0.0000                0.0000           0.100
 12/ 1/91     eccen28834               5320.0                -0.1000                0.0000           0.100
  2/ 7/92     eccen28834               5320.0                 0.0000                0.0000           0.100
 10/13/93     eccen28834               5320.0                 0.0000                0.0000           0.100
  7/10/94     eccen28834               5320.0                 0.0500                0.0000           0.100
 12/31/94     eccen28834               5320.0                 0.0000                0.0000           0.100
  7/26/95     eccen28834               5320.0                 0.0500                0.0000           0.100
  5/21/96     eccen28834               5320.0                 0.0000                0.0000           0.100
 lageos       cmoff    1               0.251
              end
solveparam                             format: (10x, a6, i4, 3i2, 3e15.8)
              gmest    0
              dragl    2
              radpr    2
              eradp    0
              rtnprt   0 1 1
              y
              xpest    0
              ypest    0
              duest    0
              gcnest                   0.0                    0.0                   0.0
              gcnsig                   0.1d-1                 0.1d-1                0.4d-1
              geoest   4 4 2
              staxyz   1
              sta     73581111
              bias    187311
finis
```

图 4.3.1 SLR 定轨控制卡

INITIAL 模块：首标志符 "initial"，表示卫星的初始轨道信息，包括卫星名、参考历元 (日期标志符 "epoch1"：YYYY+MM+DD, 时间标志符 "epoch2"：HH+MM+SEC)、卫星初始位置标志符 "pos"(XYZ)、卫星初始速度标志符 "vel"(V_x、V_y、V_z)、模块结束标志符 "end"，该模块给出了卫星轨道的初始历元、位置，以及速度信息。

SUBARC 模块：首标志符 "subarc"，给出需要在子弧段中被估计的力学参数和估计策略，其下面可以包括多个控制符，表示不同估计参数及其策略，如控制符 "dragl"，表示大气阻力及其估计策略 (如 3.0d0 表示 3 天估计一个大气阻力参数)；

控制符 "radpr" 表示光压及其估计策略 (如 3.0d0 表示 3 天估计一个光压参数); 控制符 "eradp" 表示地球辐射压及其估计策略 (如 3.0d0 表示 3 天估计一个地球辐射压参数); 控制符 "rtnprt" 表示 rtn 方向进行经验力估计 (如 3.0d0 表示 3 天估计一组 rtn 经验力); 控制符 "dxpest" "dypest" "dutest" 表示估计极移及其估计策略 (1 天估计一组极移 X、Y 和 LOD); 控制符 "gcnest" 表示估计地球质心 (3.0d0 表示 3 天估计一组地球质心坐标); "end" 表示模块结束标志符。

FILES 模块: 首标志符 "files", 给出了在数据处理过程中所需要输出的文件及其格式, 如控制符 "report", 表示输出轨道参数 report 文件, 后面的参数表示 report 文件输出轨道参数形式; 控制符 "reswrt" 表示输出残差 res 文件及其参数形式。

RUNMODE 模块: 首标志符 "runmode", 表示数据处理所选用的模式、迭代次数、收敛性判定准则、弧段个数等, 控制符 "mode" 表示是定轨还是轨道预报, 4 表示定轨, 2 表示轨道预报; 控制符 "iter" 表示最大迭代次数; 控制符 "narc" 表示子弧段个数; 控制符 "rmsfra" 表示残差 rms 收敛标准 (0.001 表示迭代时残差 rms 收敛标准 1mm); 控制符 "posmin" 表示测站位置差别收敛值 (0.001 表示迭代时测站坐标差收敛标准 1mm); "end" 表示模块结束标志符。

FORCES 模块: 首标志符 "forces", 给出了所用到的各种力学模型, 如控制符 "geo" 表示地球引力场模型的引力常数、地球半径等; 控制符 "njmax" "nmax" "mmax" 表示考虑的地球引力场模型的阶数、最大球谐系数阶数; 控制符 "gm" 控制 GM 值; 控制符 "drag" 表示大气阻力计算所需要的参数, 如卫星面值比; 控制符 "radpr" 表示太阳光压计算所需要的参数, 如卫星面值比; 控制符 "shadow" 表示考虑日影月影情况; 控制符 "polmot" 表示计算极潮摄动力; 控制符 "gtides" 表示计算固体潮摄动; 控制符 "mercur" "venus" "mars" "jupite" "saturn" "uranus" "neptun" "pluto" "sun" "moon" 表示 N 体摄动, 包括行星摄动和日月引力摄动; 控制符 "satid" 表示卫星有关信息; 控制符 "eradp" 表示地球辐射压模型有关参数; 控制符 "otides" 表示计算海潮摄动。

INTEG/OUT 模块: 首标志符 "integ/out", 给出了积分的步长以及需要输出的参数等, 控制符 "tfdays" 给出了数据处理弧长; 控制符 "fxstep" 给出了积分的步长。

STA/OBS 模块: 给出了处理的数据类型、跟踪站的信息, 以及对观测值的改正模型等。控制符 "ae" 给出了地球半径; 控制符 "rflat" 给出了地球的扁率; 控制符 "plamot" 给出了板块运动的参考历元及其位置速度, 位置前可以加其板块名; 控制符 "eccen" 给出了测站的偏心改正; 控制符 "cmoff" 给出了卫星的质心改正模型值。

4.3 SLR 数据处理策略

SOLVEPARAM 模块：首标志符 "solveparam"，给出所要解的参数以及约束信息，控制符 "gmest" 表示估计 GM；控制符 "dragl" 表示估计经验的大气阻力系数；控制符 "radpr" 表示估计光压参数；控制符 "eradp" 表示估计地球辐射压参数；控制符 "rtnprt" 表示估计卫星径向、切向和法向经验加速度；控制符 "xpest" 表示估计极移 X 分量的改正值；控制符 "ypest" 表示估计极移 Y 分量的改正值；控制符 "duest" 表示估计日长变化 LOD 的改正值；控制符 "gcnest" 表示估计地心运动的三个分量；控制符 "gcnsig" 为地心估计提供先验标准差；控制符 "geoest" 表示估计引力位系数；控制符 "staxyz" 表示估计的坐标所使用的坐标系，"0" 表示大地坐标系，"1" 表示笛卡儿坐标系；控制符 "sta" 表示估计跟踪站的坐标，当估计某个测站坐标时，字段值设为该站坐标 ID，当估计所有测站坐标时，该值设为 0；控制符 "bias" 表示估计测距偏差，当估计某个测站测距偏差时，字段值设为该站坐标 ID，当估计所有测站测距偏差时，该值设为 0。

每次定轨都要生成该次定轨的控制卡片，为此编写定轨控制卡生成程序，将通常不变的参数保留，将模板中需要变化的参数，如卫星初始轨道参数等，进行更新替换，这样就可以进行自动化的 SLR 数据处理。

4.3.4 SLR 精密定轨约束和解算参数

利用 SLR 数据进行精密定轨经常会根据数据情况、卫星特点、解算目的、精度要求等选择不同的约束条件和解算参数策略。当目的是快速精密定轨或者测站数据质量评估时，经常对测站坐标进行强约束或者不解算，仅仅新站或者测站坐标精度较差的测站才估计测站坐标，如 ILRS SLR 快速数据质量评估就采用此策略。当目的是建立精确的地球参考框架或者研究地壳形变时，需要估计测站坐标，为了减少网构型引起的额外形变，测站坐标约束非常松弛，如 ILRS 事后数据处理服务地球参考框架建立等。当测站坐标残差或者测站距离偏差和时间偏差中有明确的系统差时，也可以根据其产生机制，进行有关参数的解算，消除或者减少此系统差，通常流动站或者测量有偏差的测站就需要采用此策略。根据轨道误差情况，可以选择增加经验力估计参数或者调节摄动力参数的估计频次。这个通常根据卫星摄动力估计精度进行调整，通常球形卫星摄动力学模型比非球形多载荷的卫星摄动力学模型精度要高，定轨精度也要高，而要使非球形复杂载荷的卫星定轨精度高，就要考虑更适合的摄动力学模型或者增加经验力来吸收其模型误差。另外，有些卫星 SLR 观测较少，可能需要减少一些估计参数或者估计参数的频率降低，如 Lageos 卫星定轨，设置 3 天估计一组大气和光压参数，而对北斗卫星 (如 BDS-M1) 就适合选用 7 天估计 1 组光压参数，而由于轨道高度较高，大气阻力就可以不考虑。图 4.3.2 显示了北斗卫星 (BDS-M1) 最多时候仅有 9 个 SLR 站对其进行了观测，7 天全球平均数据量为 62 个标准点，数据量波动 21 个标准点，其对应的解算策略就是 7 天观测解算一组光压系数,定轨残差 RMS 精度如图 4.3.3 所示,该图是自动化处理结果,通常在 1~5cm,对 RMS 大于 5cm 的定轨弧段,可以通过手动进一步改动解算策略来提高定轨精度,这个需要多次测试才能达到最优 (Wang et al., 2009)。

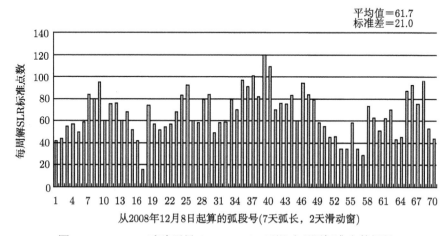

图 4.3.2　BDS-2 试验卫星 (BDS-M1)7 天滑动观测标准点数据量

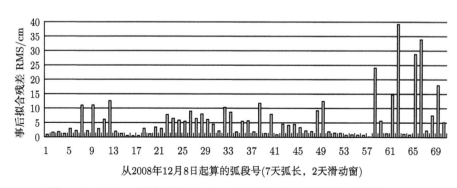

图 4.3.3　BDS-2 试验卫星 (BDS-M1)7 天滑动定轨事后拟合残差 RMS

4.4　SLR 定轨精度影响因素分析

4.4.1　SLR 数据数量和质量因素

对 SLR 数据进行定轨,其数据数量和质量对其定轨精度有较大影响,如 20 世纪 90 年代之前 SLR 数据观测精度较低,其定轨精度也较差,甚至是分米级;而 20 世纪 90 年代后随着观测数量和观测精度的提高,其定轨精度达到亚厘米级,甚

4.4 SLR 定轨精度影响因素分析

至毫米级。ILRS 的数据分析中心通过利用 SLR 数据对几个常规观测的地球动力学卫星进行快速精密定轨,通过分析定轨残差对各站数据数量和质量进行评估。评估内容包括全球各测站数据数量、观测精度以及距离偏差、时间偏差等,并标出了距离和时间偏差过大的观测弧段,供 SLR 测站进行系统差重新标定或者改正,供 SLR 数据用户进行观测数据剔除或者降权。

图 4.4.1 和图 4.4.2 分别给出了 2009 年至 2018 年的 Lageos-1 和 Lageos-2 卫星

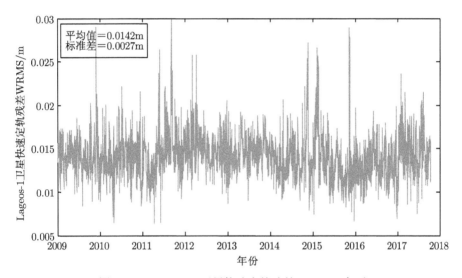

图 4.4.1 Lageos-1 卫星快速定轨残差 WRMS 序列

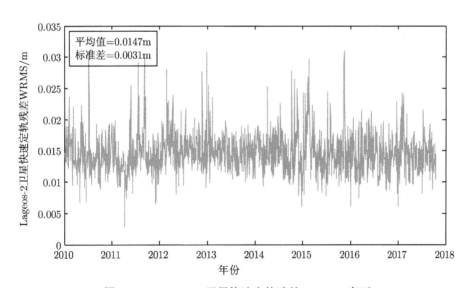

图 4.4.2 Lageos-2 卫星快速定轨残差 WRMS 序列

每周常规快速定轨的残差 WRMS 序列图,其中快速定轨策略采用：ILRS 常规测站坐标不估计,仅估计新站坐标或者误差大的测站坐标,估计 6 个轨道根数、EOP、光压和大气参数,通常也会解算 N 和 T 方向经验力,且其中 EOP 每天或者每 3 天解一组参数,光压和大气参数每 3 天解一组参数,从图中可以看到,8 年多的全球 Lageos SLR 观测自动定轨精度基本都优于 2cm,Lageos-1 平均 1.42cm,Lageos-2 平均 1.47cm,与 ILRS 各分析中心精度相当。而 4.3 节中的北斗试验卫星定轨精度就低至少 2～3cm,主要是由于北斗试验卫星的 SLR 观测较少,最多 9 个站进行了观测,而 Lageos 通常有 20 多个站进行观测。

利用快速定轨的残差,可以计算各个测站的距离偏差、时间偏差和卫星观测精度。对卫星每次通过每一个站的残差进行最小二乘拟合：

$$\Delta \rho_i(t) = b_i + \dot{\rho}_i(t) \cdot \tau_i \tag{4.4.1}$$

式中,$\Delta \rho_i(t)$ 为 t 时刻通过 i 站的观测残差；$\dot{\rho}_i(t)$ 为 t 时刻卫星速度在 ρ 方向上的投影；b_i、τ_i 为 i 测站的卫星每次通过时的距离偏差和时间偏差。由于 SLR 的精度达到厘米或亚厘米级,若 b_i、τ_i 数值过大 (一般设定 b_i 不大于 6cm,τ_i 不大于 0.1ms),则该站对该卫星本次通过的全部观测都不能用,必须从定轨数据中剔除。解得 b_i、τ_i 后,求得每次卫星通过各站的观测精度为

$$\sigma = \sqrt{\frac{\sum_{i=1}^{N} \Delta \hat{\rho}_i^2(t)}{N}} \tag{4.4.2}$$

其中,$\Delta \hat{\rho}_i(t) = \Delta \rho_i(t) - (\hat{b}_i + \dot{\rho}_i(t) \cdot \hat{\tau})$ 为去掉距离偏差和时间偏差后的观测残差。

因篇幅所限,这里仅显示国内 SLR 测站情况。图 4.4.3 为每周对 Lageos-1 卫星进行常规定轨时,北京站、长春站、上海站和昆明站四个国内站的残差序列图。其中,北京站和上海站的残差量级稳定,而长春站在 2013 年 6 月以后的部分观测数据中存在较大的残差,随后在其距离偏差和时间偏差中也发现了类似的异常。图 4.4.4 和图 4.4.5 分别为北京站、长春站、上海站和昆明站等四站的距离偏差和时间偏差统计值的时间序列图。昆明站由于数据较为稀疏,因此其距离偏差和时间偏差的均值都小。当改变定轨策略,对长春站的距离偏差和时间偏差进行估计,其残差会得到改善,这里不再赘述。图 4.4.6 为全球 SLR 站的卫星观测圈数统计,大约 44% 的站完成了 ILRS 要求的每年 3500 圈的观测数量。

4.4 SLR 定轨精度影响因素分析

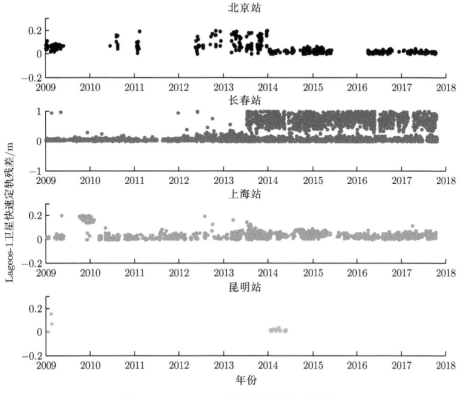

图 4.4.3 Lageos-1 测站快速定轨残差图

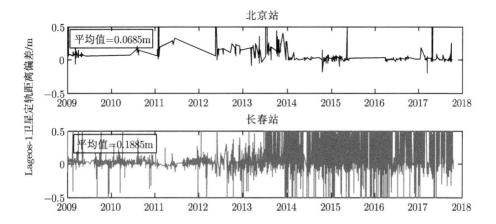

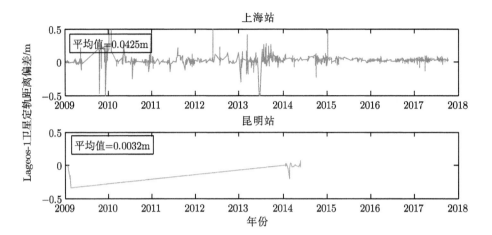

图 4.4.4　北京、长春、上海、昆明 SLR 站的快速精密定轨距离偏差序列

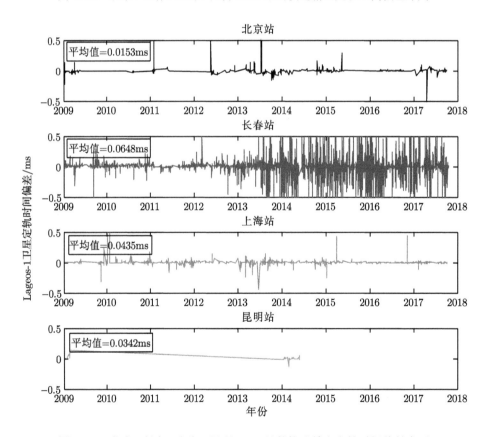

图 4.4.5　北京、长春、上海、昆明 SLR 站的快速精密定轨时间偏差序列

4.4 SLR 定轨精度影响因素分析

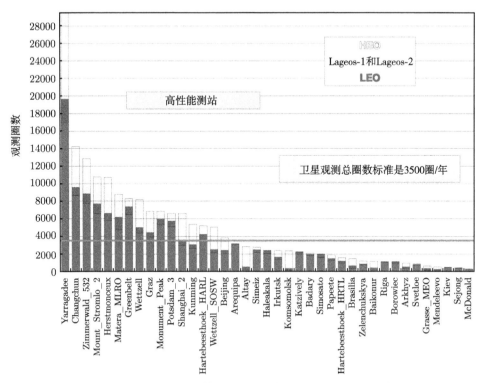

图 4.4.6　全球 SLR 站观测圈数统计 (2017 年 10 月 1 日 ∼2018 年 9 月 30 日)

4.4.2　SLR 测站分布影响

SLR 测站分布特别不均匀，南半球测站非常少，为了测试测站分布对 SLR 数据处理的影响，对 SLR 测站分布进行了模拟测试。模拟测试测站的分布对数据处理结果有影响的 16 个 SLR 测站的分布情况如图 4.4.7 所示。在 16 个测站网的分布基础上去掉不同测站，SLR 坐标原点和尺度因子的变化情况见表 4.4.1。模拟测试在基于 16 个 SLR 测站网分布基础上去掉不同测站 SLR 坐标原点和尺度因子变化情况，从表中可以看出，去掉一个或者多个 SLR 测站数据会造成原点和尺度因子误差增大，特别是一些地理位置重要的测站，去掉测站越多，误差越大，特别是去掉 6 个 NASA 站，原点误差放大了 252%，尺度因子误差放大了 394%(Pavlis, 2009; Pavlis et al., 2017)。因此，在南半球 SLR 缺乏的地方建立新的 SLR 测站意义重大，特别是未来 GGOS 的应用对地球参考框架要求更高，地球参考框架精度会影响定轨的精度。

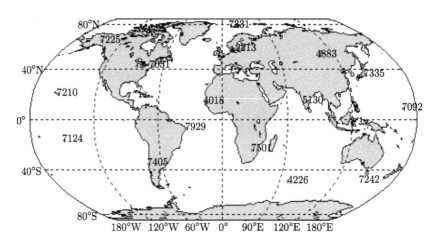

图 4.4.7 模拟测试全球较均匀分布的 SLR 测站对数据处理结果的影响 (16 个 SLR 测站分布情况)

表 4.4.1 模拟测试基于 16 个 SLR 测站网分布基础上去掉不同测站 SLR 坐标原点和尺度因子变化情况

方案	移除站	原点误差		尺度因子误差		
		mm	%	ppb*	mm	%
标准 16 测站方案	参考网	—	—	—	—	—
1	GGAO(NA)	3.2	40	0.08	0.51	−59
2	Hawaii	3.2	41	0.16	1.02	−16
3	Tahiti	3.1	34	0.18	1.15	−5
4	Arequipa(SA)	3.1	36	0.10	0.64	−48
5	S. Africa	3.2	40	0.13	0.83	−32
6	Australia	2.8	22	0.15	0.96	−21
7	Hawaii & Arequipa	4.2	83	0.06	0.38	−69
8	Hawaii, Arequipa & Tahiti	5.7	149	−0.02	−0.13	−112
9	S. Africa & Australia	3.2	40	0.15	0.96	−21
10	6 个 NASA 站	8.1	252	−0.55	−3.52	−394

* ppb=10^{-9}。

4.4.3 卫星质心改正模型影响

卫星质心改正是 SLR 数据处理中必须考虑的因素, 其模型随着时间的流逝和认识的深入, 不断有所变化, 其建模方法和考虑的因素也不断提高和细致多样 (赵群河等, 2015)。在现有的 SLR 精密定轨软件中, 对某一特定的卫星一般采用全球各测站统一的质心改正模型, 但为了实现高精度 SLR 定轨, 保障各种 SLR 科学应

4.4 SLR 定轨精度影响因素分析

用和高精度 ITRF 构建,有必要分析卫星形状效应等对卫星定轨的影响。为此,分析了采用全球统一的卫星质心改正标称值和采用考虑了卫星形状效应等建立的与测站运行模式有关的卫星质心改正模型定轨精度的不同,评估了其对精密定轨精度的影响。

利用 Lageos-1 和 Lageos-2 卫星从 2008 年 1 月 1 日至 2010 年 12 月 30 日,共 365 个 3 天弧段的 SLR 数据,分别应用原质心改正 (表 4.4.2)、现质心改正 (表 4.2.1) 进行定轨,结果如图 4.4.8 和图 4.4.9 所示。从图中可以看出:① 无论是原质心改正模型还是现质心改正模型定轨,Lageos-1/2 的 3 天短弧定轨精度 (加权中误差 WRMS) 一般都在 1~2cm,总体精度优于 3cm;② 采用现质心改正后,定轨精度普遍提高,最大提高量分别达到 1.38mm(Lageos-1) 和 4.61mm(Lageos-2)。虽然平均提高幅度有限,分别只有 0.42mm(Lageos-1) 和 0.36mm(Lageos-2),但分别有 94.0%(Lageos-1) 和 91.8%(Lageos-2) 的弧段精度得到提高,可见精度提高是普遍的、系统性的,卫星质心改正模型对 Lageos-1/2 卫星定轨的影响统计见表 4.4.3 第二列和第三列。

表 4.4.2 四颗卫星的改正标称值

卫星名称	质心改正标称值/m
Lageos-1	0.251
Lageos-2	0.251
Etalon-1	0.576
Etalon-2	0.576

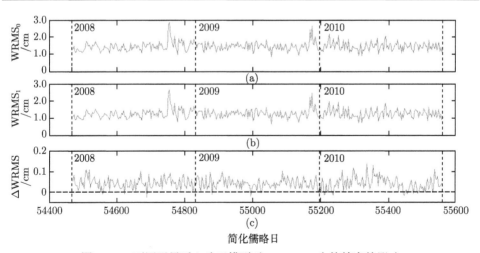

图 4.4.8 不同卫星质心改正模型对 Lageos-1 定轨精度的影响

(a) 采用原质心改正后的定轨精度;(b) 采用现质心改正后的定轨精度;(c) 反映二者之差,即定轨精度提高量

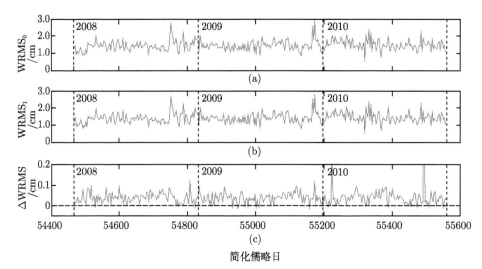

图 4.4.9　不同卫星质心改正模型对 Lageos-2 定轨精度的影响

各分图含义同图 4.4.8

表 4.4.3　Lageos-1/2 和 Etalon-1/2 卫星质心改正模型对定轨的影响统计

参数	Lageos-1	Lageos-2	Etalon-1	Etalon-2
数据时间跨度/d	1095	1095	1092	1092
弧段总数量	365	365	156	156
原弧段平均标准点数	637	588	170	156
现弧段平均标准点数	637	588	171	156
原平均定轨精度/mm	14.27	14.44	11.88	11.92
现平均定轨精度/mm	13.85	14.08	11.26	11.32
平均定轨精度提高量/mm	0.42	0.36	0.62	0.60
定轨精度提高弧段百分比/%	94.0	91.8	75.0	73.1

利用 Etalon-1、Etalon-2 卫星从 2008 年 1 月 1 日至 2010 年 12 月 27 日，共 156 个 7 天弧段的 SLR 数据，分别应用原质心改正 (表 4.4.2) 和现质心改正 (表 4.2.1) 进行定轨，结果如图 4.4.10 和图 4.4.11 所示。由于 Etalon-1/2 数据量明显少于 Lageos-1/2，即使采用更宽松的收敛准则，仍有极少数弧段因观测数据太少或全球分布严重不均匀造成定轨精度过低甚至轨道发散。为有效利用观测数据，我们并未舍弃这些弧段，而是采取合理增加定轨弧长 (至 14 天)，或将精度较差测站的时间偏差和距离偏差作为待估参数进行解算，这样所有弧段定轨精度都好于 3cm。对 Etalon-1/2 定轨结果的分析表明：① 对于 Etalon-1/2，7 天短弧定轨精度普遍也在 1∼2cm；②采用现质心改正后，平均定轨精度提高幅度约 0.6mm；提高普遍程度虽然不及 Lageos-1/2，但这种提高也是系统性的，见表 4.4.3 第四列和第五列，占到全部统计弧段的约 3/4，表明新的依赖测站运行模式等的卫星质心改正

模型更精确,更适合 SLR 数据处理。

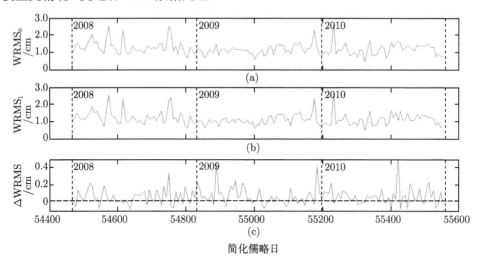

图 4.4.10　不同卫星质心改正模型对 Etalon-1 定轨精度的影响

各分图含义同图 4.4.8

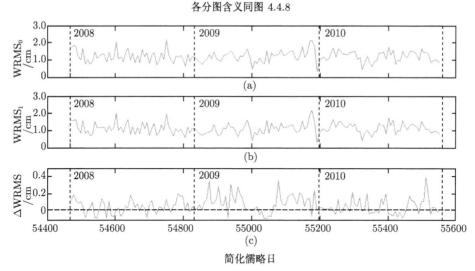

图 4.4.11　不同卫星质心改正模型对 Etalon-2 定轨精度的影响

各分图含义同图 4.4.8

从表 4.4.3 中还可以看出,采用原质心改正和现质心改正对最终参与定轨 (即按 3 倍中误差标准未被剔除) 的标准点数几乎没有影响,这说明对观测数据的剔除不是定轨精度变化的原因。

造成 Etalon-1/2 相对于 Lageos-1/2 精度提高弧段比例偏低的可能原因,一是 Etalon-1/2 观测的数量和全球分布状况不如 Lageos-1/2,精密定轨稳定性不够;二是 Etalon-1/2 直径 (1.294m) 大于 Lageos-1/2(0.6m)，并且 Etalon-1/2 的角反射器呈分片分布状态，而 Lageos-1/2 角反射器是均匀分布的，这可能导致 Etalon-1/2 的质心改正精度明显偏低 (Zhao et al., 2012)。

4.4.4 对流层延迟改正模型影响

传统的对流层延迟改正模型为 Marini-Murray，该模型没有将对流层天顶延迟与映射函数严格区分开来，且不适用于低高度角的观测数据。新的对流层延迟改正模型采用 Mendes-Pavlis(2004) 提出的对流层天顶延迟模型和 Mendes 等 (2002) 提出的映射函数 FCULa 模型，该模型在处理低高度角的观测数据时，精度明显提高。

利用 Lageos-1 从 2014 年 1 月 1 日至 2016 年 12 月 30 日，共 365 个 3 天弧段的 SLR 数据，分别应用原对流层改正和现对流层改正模型进行精密定轨，结果如图 4.4.12 所示。可以看出，采用新模型的定轨精度与老模型精度相当，平均定轨残差均约为 1.5cm，仅有约 48.6% 弧段定轨精度提高了 0.152mm。分析原因是新模型仅在处理低高度角数据时有明显优势，但是观测期间低高度角数据太少，

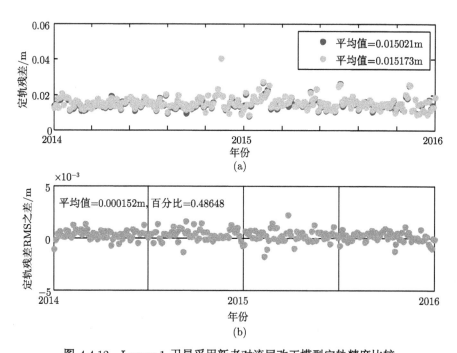

图 4.4.12 Lageos-1 卫星采用新老对流层改正模型定轨精度比较

(a) 新老模型定轨残差 RMS 序列，深色代表老的模型结果，浅色代表新的模型结果；(b) 新的定轨残差 RMS 减去老的，负的说明新模型定轨精度有提高

4.4 SLR 定轨精度影响因素分析

所以对整体定轨精度影响不大。图 4.4.13 给出了新模型与老模型观测残差之差随高度角的变化,可以发现新模型在处理低于 10° 角以下数据时观测残差较老模型有明显降低,这说明新模型的适用范围更广,适合低高度角情况,为此,在 SLR 数据处理中,建议采用此新模型。

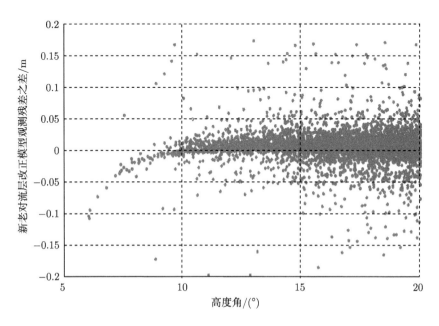

图 4.4.13　Lageos-1 卫星采用新老对流层改正模型观测残差之差随高度角的变化

4.4.5　重力场模型影响

为了测试重力场模型对 SLR 精密定轨的影响,采用 Lageos-1 卫星从 2014 年 1 月 1 日至 2016 年 12 月 30 日,共 365 个 3 天弧段的 SLR 数据,分别采用 EGM2008、GGM05C、GOCO05C、GOCO05S 重力场模型 (100×100 阶) 与 GM01C 重力场模型进行精密定轨比较,重力场模型来自 GFZ 网站,见 http://icgem.gfz-potsdam.de/home。将不同重力场模型与现软件使用的重力场模型 GM01C 定轨精度进行比较,结果如图 4.4.14~图 4.4.17 所示。从图中可以看出重力场模型的更新对定轨精度的影响很小,EGM2008、GGM05C、GOCO05C 与 GM01C 重力场模型定轨精度几乎相当,GOCO05S 没有 GM01C 重力场模型定轨精度高。当然,这也与 Lageos-1 卫星的高度有关,Lageos-1 卫星高度约为 5900km,相对几百千米高的低轨卫星,其对重力场的敏感度要弱一些。

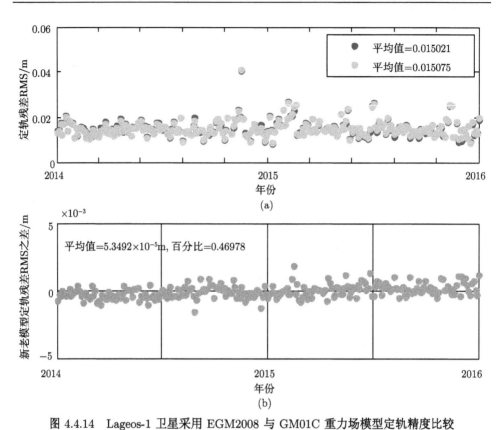

图 4.4.14 Lageos-1 卫星采用 EGM2008 与 GM01C 重力场模型定轨精度比较

(a) 两模型定轨残差 RMS 序列,深色代表 EGM2008 模型结果,浅色代表 GM01C 模型结果;(b)GM01C 模型定轨残差 RMS 减去 EGM2008 模型定轨残差 RMS,负的说明 GM01C 模型定轨精度有提高

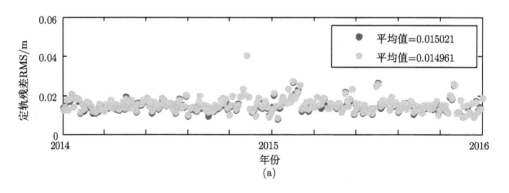

4.4 SLR 定轨精度影响因素分析

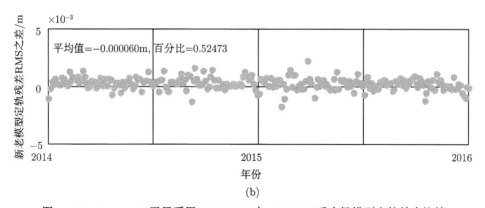

图 4.4.15 Lageos-1 卫星采用 GGM05C 与 GM01C 重力场模型定轨精度比较

(a) 两模型定轨残差 RMS 序列, 深色代表 GGM05C 模型结果, 浅色代表 GM01C 模型结果; (b)GM01C 模型定轨残差 RMS 减去 GGM05C 模型定轨残差 RMS, 负的说明 GM01C 模型定轨精度有提高

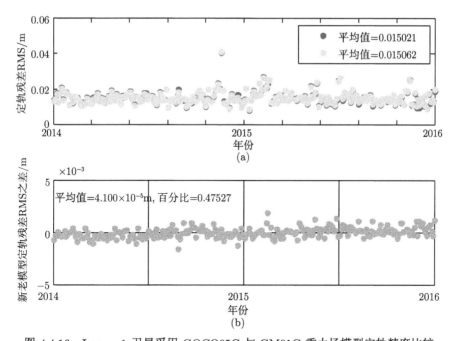

图 4.4.16 Lageos-1 卫星采用 GOCO05C 与 GM01C 重力场模型定轨精度比较

(a) 两模型定轨残差RMS序列, 深色代表 GOCO05C 模型结果, 浅色代表 GM01C 模型结果; (b)GM01C 模型定轨残差 RMS 减去 GOCO05C 模型定轨残差 RMS, 负的说明 GM01C 模型定轨精度有提高

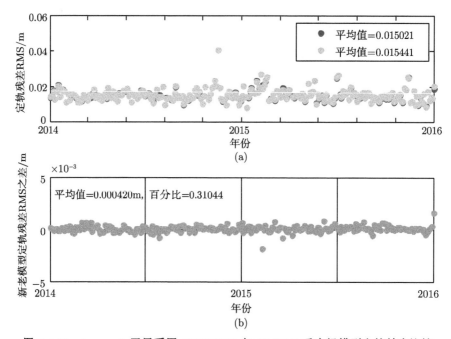

图 4.4.17 Lageos-1 卫星采用 GOCO05S 与 GM01C 重力场模型定轨精度比较

(a) 两模型定轨残差RMS序列，深色代表GOCO05S模型结果，浅色代表GM01C模型结果；(b)GM01C 模型定轨残差 RMS 减去 GOCO05S 模型定轨残差 RMS，负的说明 GM01C 模型定轨精度有提高

4.4.6 海潮和海潮负荷模型影响

为了测试不同海潮模型对 SLR 精密定轨的影响，利用 Lageos-1/2 卫星从 2014 年 1 月 1 日至 2016 年 12 月 30 日，共 365 个 3 天弧段的 SLR 数据，分别采用 CSR3.0 与 FES2004 海潮模型进行精密定轨比较，结果如图 4.4.18 和图 4.4.19 所示。从图中可以看出两个模型的结果非常接近，对 Lageos-1，采用 CSR3.0 海潮模型定轨精度更好，对 Lageos-2 卫星，FES2004 海潮模型精度更好。

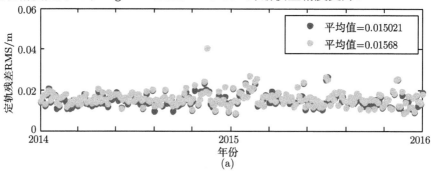

4.4 SLR 定轨精度影响因素分析

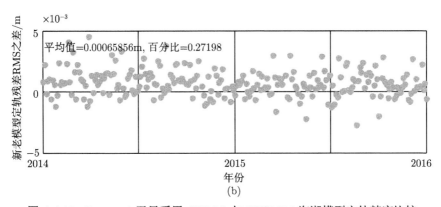

图 4.4.18 Lageos-1 卫星采用 CSR3.0 与 FES2004 海潮模型定轨精度比较
(a) 两模型定轨残差 RMS 序列,深色代表 CSR3.0 海潮模型结果,浅色代表 FES2004 海潮模型结果;(b) FES2004 海潮模型定轨残差 RMS 减去 CSR3.0 海潮模型定轨残差 RMS,负的说明 FES2004 海潮模型定轨精度有提高

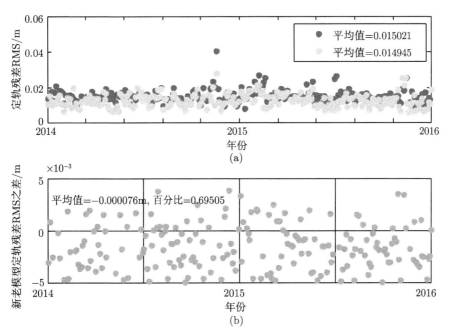

图 4.4.19 Lageos-2 卫星采用 CSR3.0 与 FES2004 海潮模型定轨精度比较
(a) 两模型定轨残差 RMS 序列,深色代表 CSR3.0 海潮模型结果,浅色代表 FES2004 海潮模型结果;(b) FES2004 海潮模型定轨残差 RMS 减去 CSR3.0 海潮模型定轨残差 RMS,负的说明 FES2004 海潮模型定轨精度有提高

4.4.7 不同参考框架影响

为了测试采用不同地球参考框架对 SLR 精密定轨的影响，利用 Lageos-1 从 2014 年 1 月 1 日至 2016 年 12 月 30 日，共 365 个 3 天弧段的 SLR 数据，分别采用 ITRF2008 与 ITRF2014 地球参考框架及相应的地球定向参数序列 IERS EOPC04 进行定轨，ITRF2014 是目前最新的国际地球参考框架，于 2016 年发布，首次考虑了地球非线性效应如震后形变和周年半年周期性变化的地球参考框架，采用两个地球参考框架的定轨结果，如图 4.4.20 所示。通过对 Lageos-1 卫星采用 ITRF2008 与 ITRF2014 地球参考框架定轨精度比较，结果表明 74.451% 的定轨弧段精度得到了提高，提高幅度平均约为 1.2mm。这说明新的地球参考框架 ITRF2014 比 ITRF2008 精度有所提高，对精密定轨也带来了正面的影响。

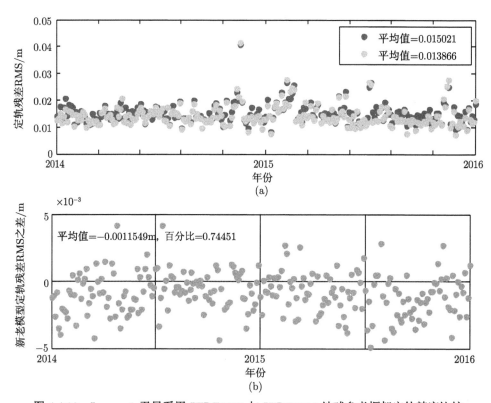

图 4.4.20 Lageos-1 卫星采用 ITRF2008 与 ITRF2014 地球参考框架定轨精度比较

(a) 采用框架ITRF2008与ITRF2014定轨残差RMS序列，深色代表ITRF2008结果，浅色代表 ITRF2014 结果；(b)ITRF2014 定轨残差 RMS 减去 ITRF2008 定轨残差 RMS，负的说明新模型定轨精度有提高

4.4.8 SLR 数据处理策略影响

SLR 数据处理策略在卫星精密定轨中具有重要地位，有时发散不能给出最优解，可以通过调节解算策略而给出，对解算精度较低的，也可以通过调节解算参数及其解算频率而达到提高精度的目的。当然，要更好地提高定轨精度，也需要更新和建立更合适的动力学和观测模型，需要从解算的权重策略等方面下功夫。除了上面的模型改进和解算策略调整，这里给出 SLR 观测权重确定对定轨的影响。4.3.2 节给出了更合理的加权策略，本节对该加权策略对定轨的影响进行试验与分析。

为了验证改进的 FCM 模糊聚类算法对 SLR 测站重新定权的定轨效果，利用 Lageos-1 卫星 2014 年 1 月至 2016 年 12 月的全球 SLR 观测数据进行短弧精密定轨，表 4.4.4 给出了此次 Lageos-1 卫星定轨所采用的参考架和测量模型、力学模型，然后分别采用原始的测站经验定权方法和改进的 FCM 定权方法进行精密定轨，其中改进的 FCM 定权方法采用了下列 5 种不同特性参数组合来测试影响测站观测权重的主要因素。表 4.4.5 中给出了 ILRS 提供的全球 SLR 测站性能月报 (以 2015 年 6 月为例)，并以这 7 项全球 SLR 测站特性指标进行不同组合，给出了下面所采取的 5 种组合方案。

表 4.4.4 Lageos-1 卫星精密定轨策略

项目		描述
参考架和测量模型	地球参考架	ITRF2014
	岁差模型	IAU2006
	章动模型	IAU2006+IERS 章动改正
	大气折射改正	Mendes-Pavlis 模型
	质心改正/m	依测站而定 (0.245~0.251)
力学模型	地球重力场/阶	EGM2008(100×100)
	固体潮摄动	IERS2010
	海潮摄动	FES2004
	行星摄动	JPL DE421

方案 1：考虑 Lageos 标准点总数、Lageos 标准点 RMS 值和 Lageos 标准点合格率 3 个因素来定权；

方案 2：考虑 Lageos 观测圈数、Lageos 标准点 RMS 值和 Lageos 标准点合格率 3 个因素来定权；

方案 3：考虑 Lageos 标准点总数、Lageos 标准点 RMS 值、Lageos 标准点合格率和测站长期偏差稳定性四个因素来定权；

方案 4：考虑 Lageos 标准点总数、Lageos 标准点 RMS 值、Lageos 标准点合格率和测站短期偏差稳定性四个因素来定权；

方案 5：考虑 Lageos 标准点总数、Lageos 标准点 RMS 值、Lageos 标准点合格率、测站长期偏差稳定性、测站短期偏差稳定性和 Lageos 单次测距 RMS 值六个因素来定权。

表 4.4.5　ILRS 提供的全球 SLR 测站性能月报(2015 年 6 月)

测站位置	测站编号	观测圈数	标准点总数	单次测距 RMS/mm	标准点 RMS/mm	短期偏差稳定性/mm	长期偏差稳定性/mm	标准点合格率/%
Simeiz	1873	207	1331	10.4	17.0	27.4	12.4	92.0
Altay	1879	250	1399	29.5	1.7	20.9	17.9	93.8
Baikonur	1887	379	2302	31.2	6.7	20.8	6.5	95.4
Svetloe	1888	531	4523	30.7	6.0	24.7	5.9	95.2
Zelenchukskya	1889	268	2421	29.1	4.9	16.2	9.6	97.7
Badary	1890	323	2064	35.8	6.4	11.9	11.9	95.8
Katzively	1893	211	1256	14.1	12.4	22.8	7.2	91.1
McDonald	7080	304	2522	11.6	2.3	14.3	6.2	96.2
Yarragadee	7090	2687	23174	9.6	1.9	10.5	1.8	92.2
Greenbelt	7105	1043	9916	11.6	2.0	10.4	2.4	91.7
Monument_Peak	7110	878	7758	9.2	1.2	15.0	4.1	92.4
Haleakala	7119	392	4425	12.6	2.3	19.7	4.3	90.7
Papeete	7124	220	1999	9.3	2.7	12.8	15.6	97.4
Beijing	7249	261	1938	18.4	5.0	19.2	10.9	92.8
Hartebeesthoek	7501	857	8425	18.9	2.8	19.8	6.1	90.5
Zimmerwald_532	7810	598	7849	11.4	1.7	13.3		95.3
Mount_Stromlo_2	7825	1575	15672	8.6	1.8	10.5	2.6	95.4
Simosato	7838	231	3646	14.4	2.8	12.8	4.8	93.7
Graz	7839	554	3507	5.1	0.6	11.9	4.9	97.5
Herstmonceux	7840	830	7691	13.6	0.6	8.8	2.7	97.4
Potsdam_3	7841	290	2941	11.8	2.3	13.0	5.3	95.1
Grasse_MEO	7845	378	4900	16.6	2.5	10.4	4.9	91.5
Matera_MLRO	7941	1418	11488	4.1	1.2	16.1	2.6	96.1
Wettzell	8834	293	1833	14.2	3.2	17.8	5.4	91.0

图 4.4.21 给出了原始的定轨精度和采用方案 1~5 的定轨精度比较。从图中可以看出，方案 1 给出的测站定权方法即考虑了 Lageos 标准点总数、Lageos 标准点 RMS 值和 Lageos 标准点合格率这三种测站质量因素得到了最好的定轨结果，定轨残差 RMS 平均为 0.0128m，比原始经验定权方法定轨残差 RMS 平均提高了 1.6mm，且有 75.76%的弧段得到了提高；方案 2 在方案 1 的基础上将 Lageos 标准点总数更改为 Lageos 观测圈数，定轨精度提高不明显，说明 Lageos 标准点总数

4.4 SLR 定轨精度影响因素分析

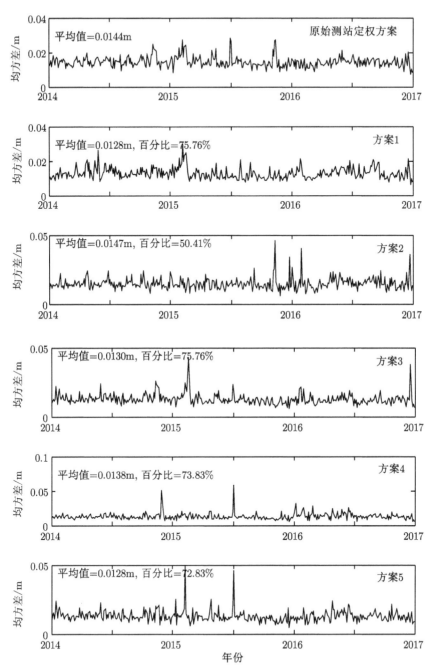

图 4.4.21　Lageos-1 卫星采用方案 1~5 对测站重新定权后的定轨精度比较

比观测圈数更能反映观测数据的质量特性,对定轨影响更显著;方案 3~5 在方案 1 的基础上分别增加了测站长期偏差稳定性、测站短期偏差稳定性和 Lageos 单次测距 RMS 值,定轨精度没有明显的提高,分析原因可能是各项测站性能指标之间存在着一定相关性,如测站长期稳定性、短期稳定性和 Lageos 单次测距精度都与方案 1 所考虑的 3 个因素有关,当增加这些测站性能指标时,并不能进一步增强这些因素所带来的定权优势,因此,认为考虑方案 1 的 Lageos 标准点总数、Lageos 标准点 RMS 值和 Lageos 标准点合格率 3 个因素已可以刻画测站观测的优劣。

以上的结果是基于 2015 年 6 月的全球 SLR 测站性能月报得到的权值进行 2014 年至 2016 年的数据处理得到的定轨精度。由于月报只给出了测站 2015 年 6 月的性能统计结果,用它所确定出来的测站权值并不适于处理长时间段的数据,特别是时间与其相差较远的观测弧段。如果能够根据实时发布的测站性能指标实时生成测站权值,将会进一步提高定轨精度。为此,我们根据 ILRS 发布的全球 SLR 测站性能季报,考虑 Lageos 标准点总数、Lageos 标准点 RMS 值、Lageos 标准点合格率这三项指标,每季度都重新生成一次测站权值,然后进行精密定轨。图 4.4.22 给出了 Lageos-1 卫星采用原始经验定权方案和改进的 FCM 模糊聚类算法

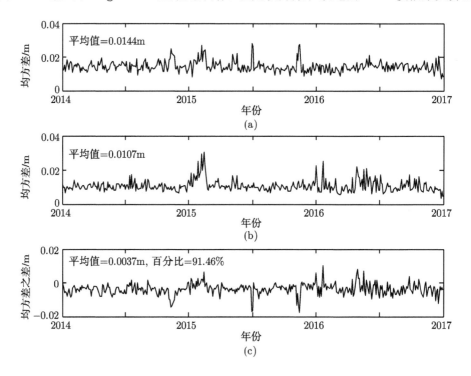

图 4.4.22 Lageos-1 卫星采用 (a) 原始经验测站定权方案的定轨精度和 (b) 采用改进的 FCM 算法每季度生成一次测站权值后的定轨精度,以及 (c) 二者之差及定轨精度提高弧段百分比

4.5 SLR 定轨实例

定权方案定轨精度的比较，从图中可以看出，该方案在方案 1 的基础上进一步提高了定轨精度，观测残差均方差平均提高了 3.7mm，且有 91.46% 的弧段精度得到了提高，并且对于参与计算的各个测站的残差 RMS 都有所下降。表 4.4.6 给出了部分参与计算的核心站采用改进的 FCM 模糊聚类算法对测站定权和原始经验测站定权方法的观测残差比较的统计信息，可以看出大部分测站的残差 RMS 有所降低，且参与定轨的标准点数也增加了，提高了观测资料的利用率。

表 4.4.6 SLR 核心站观测站残差和参与计算的标准点个数统计

测站编号	原始经验测站定权		改进的 FCM 测站定权	
	标准点个数	观测残差 RMS 值/m	标准点个数	观测残差 RMS 值/m
7080	1497	0.0189	1500	0.0176
7090	34835	0.0176	34919	0.0172
7105	14973	0.0235	15116	0.0158
7110	10258	0.0204	9739	0.0140
7501	9066	0.0195	8862	0.0178
7810	14999	0.0108	15016	0.0090
7825	13491	0.0169	13983	0.0128
7839	6466	0.0125	6417	0.0107
7840	12991	0.0102	13067	0.0098
7941	13970	0.0154	14210	0.0095
8834	4227	0.0208	4289	0.0201

4.5 SLR 定轨实例

4.5.1 Lageos 卫星精密定轨与精度分析

SLR 事后精密定轨定位是为了建立地球参考框架和确定 EOP 而需要每周或者每日进行的，其数据处理的策略与快速定轨策略不同，所有测站坐标都要估计，且其约束非常松弛，采用 1m 的测站坐标约束，轨道和 EOP 及动力学参数都需估计，其中 EOP 每日估计 1 组，动力学参数 (如大气阻力、太阳光压、经验力参数等) 根据不同卫星，估计频次不同，例如，通常对 Lageos 卫星，3 天估计 1 组；对 Etlon 卫星，7 天估计 1 组；根据情况，不同动力学参数可以估计频次不一样。利用 SLR 数据处理软件对 2009 年至今的 Lageos 卫星 SLR 观测数据 (包括国内 SLR 站和全球 SLR 站的数据)，进行了每周常规的事后 SLR 精密定轨定位解算。图 4.5.1 和图 4.5.2 分别为对 Lageos-1 和 Lageos-2 卫星进行每周 SINEX 解算的残差 RMS 序列图，残差 RMS 普遍好于 1.5cm，Lageos-1 平均 1.13cm，Lageos-2 平均 1.00cm。

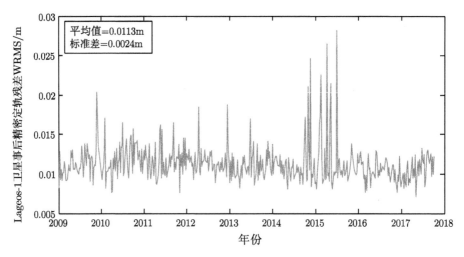

图 4.5.1　Lageos-1 卫星事后精密定轨残差 WRMS 序列

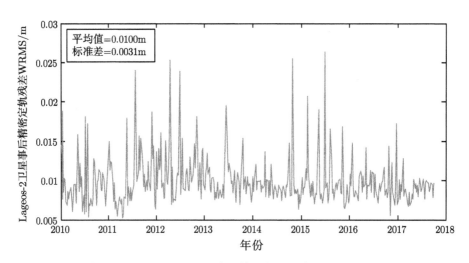

图 4.5.2　Lageos-2 卫星事后精密定轨残差 WRMS 序列

4.5.2　Ajisai 卫星精密定轨与精度分析

利用 Ajisai 卫星从 2013 年 1 月 1 日至 2015 年 12 月 30 日，共 365 个 3 天弧段的 SLR 数据进行精密定轨，所采用的定轨策略与 Lageos 卫星定轨相同，定轨结果如图 4.5.3 所示，Ajisai 卫星定轨残差 RMS 平均为 0.17m，远大于 Lageos 卫星定轨残差 RMS 0.01m，检查其测站残差序列，发现其值也比较大，如图 4.5.4 所示。这有可能是其中的动力学模型或者观测模型不够精确，为此，检查了其估计的大气阻力系数和光压反射系数，如图 4.5.5 和图 4.5.6 所示，未发现特别异常，但是由于

4.5 SLR 定轨实例

所采用的光压模型参数为通用模型，未使用 Ajisai 卫星的物理特性参数，其光压模型和地球辐射压模型等力学模型应该存在误差，其大小还需得到其真实的物理特性参数后才可能具体估计，如该卫星上装有镜片，当地面反射的光线到卫星后很可能镜面反射占有更大比例，这与 Lageos 卫星不同，需要建立该卫星独有的光压和地球辐射压模型。另外该卫星的质心改正模型目前被认为是不准确的，需要更新。为此，继续查找该卫星可能改进定轨的地方，发现当积分步长由 150s 变到 100s 再到 60s，定轨精度有明显提高，残差 WRMS 由分米级变成了不到 3cm，如图 4.5.7 所示，该卫星因为比 Lageos 卫星轨道低，运行速度快，因此需要更短的积分步长才能消除轨道因积分步长较长产生的误差。

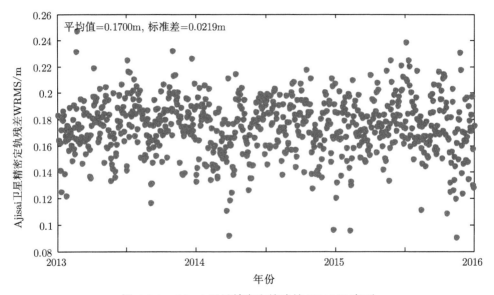

图 4.5.3　Ajisai 卫星精密定轨残差 WRMS 序列

那么还有没有可能继续提高定轨精度呢？经过利用 Rodríguez 等 (2018) 给出的新的 Ajisai 卫星质心改正模型，我们进行了测试，结果如图 4.5.8 所示，Ajisai 卫星采用 60s 积分步长的定轨精度 (图 4.5.8(a)) 作为比较的基础，可以看出更新 Ajisai 卫星质心改正 (图 4.5.8(b))，卫星定轨精度并未进一步改善，但是再引入测站距离偏差估计 (图 4.5.8(c))，其定轨精度有明显改善，平均精度已达 1.3cm，与 Lageos 卫星定轨精度相当。

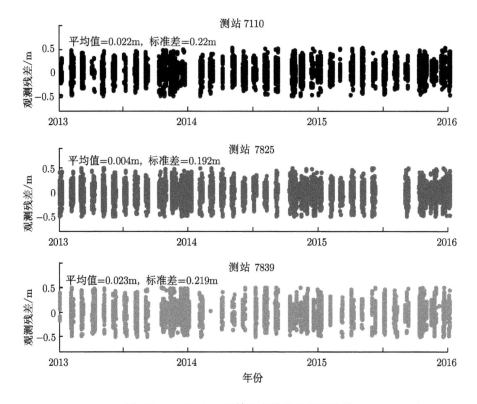

图 4.5.4 Ajisai 卫星精密定轨测站观测残差

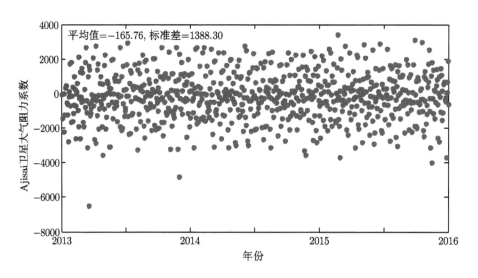

图 4.5.5 Ajisai 卫星精密定轨估计的大气阻力系数

4.5 SLR 定轨实例

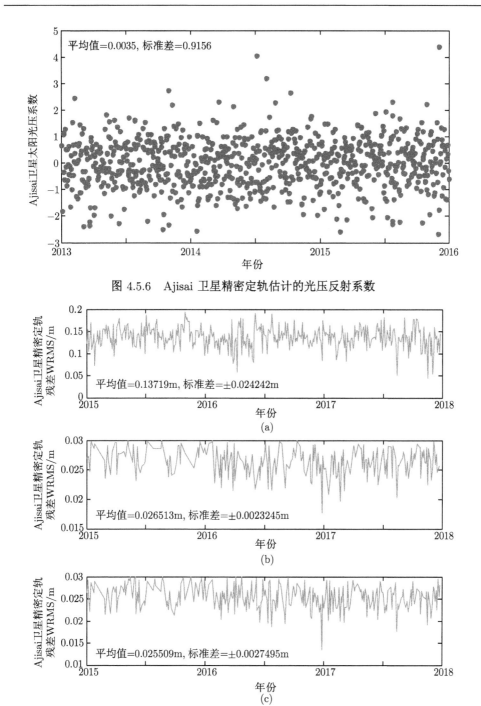

图 4.5.6 Ajisai 卫星精密定轨估计的光压反射系数

图 4.5.7 Ajisai 卫星 (a) 采用 150s 积分步长的定轨精度，(b) 采用 100s 积分步长后的定轨精度，以及 (c) 采用 60s 积分步长的定轨精度 (均未更新质心改正和估计距离偏差)

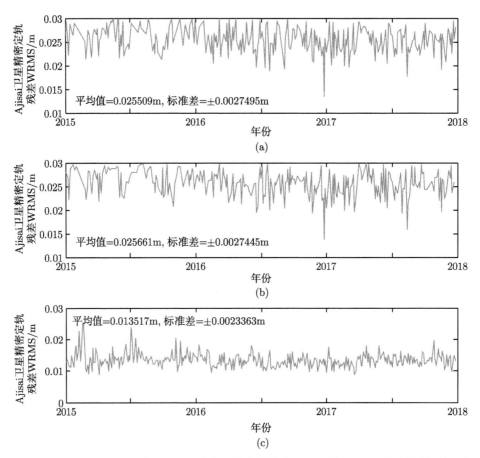

图 4.5.8 Ajisai 卫星 (a) 采用 60s 积分步长的定轨精度，(b) 采用 60s 积分步长并更新质心改正后的定轨精度，以及 (c) 采用 60s 积分步长更新质心改正和估计测站距离偏差的定轨精度

4.5.3 HY-2 卫星定轨与精度分析

在动力学定轨过程中，为有效吸收各类模型误差以及观测数据误差，通常将部分动力学参数作为待估计量，与卫星轨道同时解算。解算参数的设置既要保证获得足够高的定轨精度，又要使所选参数之间的相关性尽量减弱，以保证观测法方程求解精度。HY-2 卫星轨道较低，考虑到 SLR 的观测数量较少，采用弧长为 3 天的短弧定轨。

图 4.5.9 显示了 HY-2 卫星 SLR 定轨的残差 RMS，从图中可以看出 RMS 平均值为 2.9cm，其中 76.5% 的弧段 RMS 在 2~4cm。图 4.5.10 从上至下显示了每日 SLR 精密轨道与 MOE 的三维位置偏差的均方根 (RMS) 及其 R、T、N 三分量，单

位为 cm. 数据统计表明, 78.0%的轨道三维位置偏差 RMS 小于 15 cm, 53.8%的轨道三维位置偏差 RMS 小于 12cm(赵罡等, 2012)。

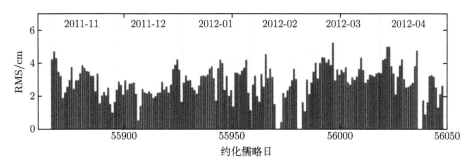

图 4.5.9　HY-2 卫星 SLR 定轨残差 RMS

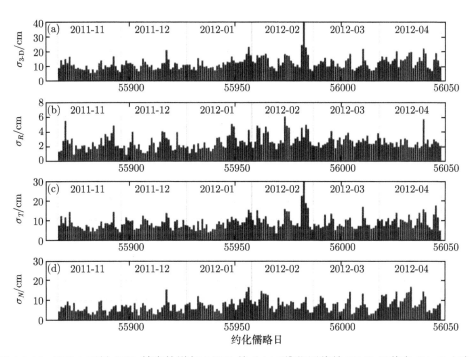

图 4.5.10　HY-2 卫星 SLR 精密轨道与 MOE 的 (a) 三维位置偏差 RMS 及其在 (b) R 方向, (c) T 方向和 (d) N 方向的分量

参 考 文 献

黄珹, 何妙福, 冯初刚, 等. 1986. 国际地球自转联测期间由 LAGEOS 卫星求得的 ERP 序列 [J]. 中国科学 (A 辑: 数学), 29(6): 629-637

赵罡, 周旭华, 吴斌. 2012. 海洋二号卫星 SLR 精密定轨 [J]. 科学通报, 57(36): 3475-3483

赵群河, 王小亚, 何冰, 等. 2015. 卫星激光反射器质心改正的概率模型 [J]. 测绘学报, 44(4): 370-376

朱元兰, 冯初刚, 张飞鹏. 2006. 用中国卫星激光测距资料解算地球定向参数 [J]. 天文学报, 47(4): 89-97

朱元兰, 张飞鹏. 2007. 用 Lageos-1、Lageos-2 卫星激光测距资料估算地球定向参数 [J]. 上海天文台台刊, (28): 42-50

Bellman R, Kalaba R, Zadeh L. 1966. Abstraction and pattern classification[J]. Journal of Mathematical Analysis & Applications, 13(1):1-7

Bezdek J C. 1987. Pattern recognition with fuzzy objective function algorithms[J]. Advanced Applications in Pattern Recognition, 22(1171):203-239

Bianco G, Devoti R, Fermi M, et al. 1988. Estimation of low degree geopotential coefficients using SLR data[J]. Planetary and Space Science, 46(11-12): 1633-1638

Ciufolini I, Paolozzi A, Pavlis E, et al. 2009. Towards a one percent measurement of frame dragging by spin with satellite laser ranging to Lageos, Lageos 2 and Lares and GRACE Gravity Models[J]. Space Sci. Rev., 148(1-4): 71-104

Ciufolini I, Pavlis E, Chieppa F, et al. 1998. Test of general relativity and measurement of the lense-thirring effect with two earth satellites[J]. Science, 279(5359): 2100-2103

Dunn J C. 1974. A fuzzy relative of the ISODATA process and its use in detecting compact well-separated clusters[J]. Journal of Cybernetics, 3(3): 32-57

Exertier P, Bonnefond P, Deleflie F, et al. 2006. Contribution of laser ranging to earth's sciences[J]. Comptes Rendus Geosciences, 338(14-15): 958-967

Feng C G, Zhang F P, Zhu Y L. 2002. Application of a no-fiducial approach to SLR data reduction[J]. Chinese Astronomy and Astrophysics, 26(3): 372-377

Flores-Sintas A, Cadenasb J, Martinb F. 1998. A local geometrical properties application to fuzzy clustering[J]. Fuzzy Sets & Systems, 100(1-3): 245-256

Gurtner W, Noomen R, Pearlman M R. 2005. The international laser ranging service: current status and future development[J]. Advances in Space Research, 36(3): 327-332

He B, Wang X, Hu X, et al. 2017. Combination of terrestrial reference frames based on space geodetic techniques in SHAO: methodology and main issues[J]. Research in Astron. Astrophys, 17(9): 1-16

Lucchesi D M. 2007. The Lageos satellites orbital residuals determination and the way to extract gravitational and non-gravitational unmodeled perturbing effects[J]. Advances in Space Research, 39(10): 1559-1575

Meisel B, Angermann D, Krügel M, et al. 2005. Refined approaches for terrestrial reference frame computations[J]. Advances in Space Research, 36(3): 350-357

Mendes V B, Pavlis E C. 2004. High-accuracy zenith delay prediction at optical wavelengths[J]. Geophysical Research Letters, 31: L14602, doi: 10.1029/2004GL020308

Mendes V B, Prates G, Pavlis E C, et al. 2002. Improved mapping functions for atmospheric refraction correction in SLR[J]. Geophysical Research Letters, 29(10): 1414, 10.1029/2001GL014394

Pavlis E C, Kuzmiczcieslak M. 2017. SLR requirements for the development of the ITRF[C]// ILRS Technical Workshop 2017, Riga, Latvia, October 2-5

Pavlis E C. 1995. Comparison of GPS S/C orbits determined from GPS and SLR tracking data[J]. Advances in Space Research, 16(12): 55-58

Pavlis E C. 2009. SLR tracking of GNSS constellations[C]//ILRS Technical Workshop on SLR Tracking of GNSS Constellations Metsovo, Greece, September 14-19

Pearlman M R, Noll C, Dunn P, et al. 2005. The international laser ranging service and its support for IGGOS[J]. Journal of Geodynamics, 40(4-5): 470-478

Pearlman M R, Degnan J J, Boswort J M. 2002. The international laser ranging service[J]. Advances in Space Research, 30(2): 135-143

Pearlman M, Noll C. 2017. A view of ILRS station performance[C]//ILRS Technical Workshop 2017, Riga, Latvia, October 2-5

Petit G, Luzum B, Al E. 2010. IERS conventions[J]. Iers Technical Note, 36:1-95

Rodríguez J, Appleby G, Otsubo T. 2018. Updated centre of mass correction tables for Lageos, Etalon, Lares, Starlette and Ajisai[C]//The 21st International Workshop on Laser Ranging (IWLR2018), 4-9 November, in Canberra, Australia

Ruspini E. 1969. A new approach to clustering[J]. Inform. and Control, 15: 22-32

Sawabe M, Kashimoto M. 1999. ADEOS-II precise orbit determinations with GPS and SLR[J]. Advances in Space Research, 23(4): 763-766

Soto J, Aguiar M I V, Flores-Sintas A. 2007. A fuzzy clustering application to precise orbit determination[J]. Journal of Computational and Applied Mathematics, 204(1): 137-143

Urschl C, Gurtner W, Hugentobler U, et al. 2005. Validation of GNSS orbits using SLR observations[J]. Advances in Space Research, 36(3): 412-417

Urschl C, Beutler G, Gurtner W, et al. 2007. Contribution of SLR tracking data to GNSS orbit determination[J]. Advances in Space Research, 39(10): 1515-1523

Wang X, Wu B, Hu X, et al. 2009. Impact of SLR tracking on COMPASS/Beidou[C]// International Technical Laser Workshop on SLR Tracking of GNSS Constellations, Metsovo, Greece, 13, Sep.

Wang X, Zhao Q, Hu X, et al. 2016. The validation and accuracy analysis of BDS solar radiation pressure models[C]//ION GNSS+2016, September 12-16, in Portland, Oregon, USA

Zadeh L A. 1996. Fuzzy sets[C]// Fuzzy Sets, Fuzzy Logic, & Fuzzy Systems. World Scientific Publishing Co. Inc., 394-432

Zhao G, Wang X, Wu B. 2012. Effect analysis of system-dependent center-of-mass correction on precision of SLR orbit determination[J]. Acta Geodaetica Et Cartographica Sinica, 41(2): 165-170

第 5 章 地基 GNSS 技术卫星定轨

5.1 概 述

全球卫星导航系统可以为数量不受限制的空中、海上和其他类型用户,在全球或近地空间的任何地方提供全天候、全天时、高精度的三维定位、测速及授时服务,是拓展人类活动、促进社会发展的重要空间基础设施。2007 年,GPS、GLONASS、Galileo 与我国自主建设的北斗卫星导航系统 (Bei Dou Navigation Satellite System, BDS) 一起被全球卫星导航系统国际委员会 (ICG) 确认为四大卫星导航系统核心供应商。此外,日本、印度等也在积极建立区域卫星导航系统。精密的卫星轨道能够为用户导航定位提供高精度的空间基准,其精度水平是衡量卫星导航系统服务能力的重要性能指标 (刘伟平等, 2016),因此,精密定轨作为卫星导航系统的核心技术,是卫星导航系统建设和应用的重点内容。

定轨计算本质上是一种交会定位,由若干个已知的地面点坐标确定各卫星不同时刻的坐标。通常采用卫星动力学方法对 GNSS 卫星进行精密定轨,通过建立卫星运动方程和观测方程,建立星地间的平差模型,将卫星位置和速度、力学模型参数、卫星钟差、模糊度等作为待估参数,进行平差解算来确定卫星轨道。动力学定轨的优势在于它可以对卫星轨道进行预报。

早期 GNSS 卫星精密定轨研究主要针对 GPS 导航系统,后续随着 GLONASS、Galileo、BDS 等导航系统的发展,针对各 GNSS 导航系统特殊性的卫星精密定轨研究也成为一个主要的研究方向。目前,GNSS 卫星精密定轨研究主要集中于卫星动力学模型、GEO 卫星轨道确定、GNSS 数据处理算法以及实时定轨等方面。

5.2 函数模型与随机模型

5.2.1 观测方程

GNSS 观测数据主要包括伪距和载波两类观测数据,在 GNSS 卫星定轨中通常采用非差观测值或者双差观测值模式。双差观测值是非差观测值的线性组合,两者在数学模型上是等价的。

地面接收机 r 到 GNSS 卫星 j 在频率 i 上的伪距和载波的非差观测方程可表示为

$$P_{r,i}^j = \rho_r^j + c\delta t_r - c\delta T^j + I_{r,i,P}^j + T_r^j + d_{r,i,P} + d_{r,i,P}^j + M_{i,P}^j + \varepsilon_{r,i,P}^j$$

$$\lambda_i \phi_{r,i}^j = \rho_r^j + c\delta t_r - c\delta T^j - I_{r,i,\phi}^j + \frac{c}{f_i}N_{r,i}^j + T_r^j + d_{r,i,\phi} + d_{i,\phi}^j + M_{i,\phi}^j + \varepsilon_{r,i,\phi}^j$$

(5.2.1)

其中，$P_{r,i}^j$、$\phi_{r,i}^j$ 分别为伪距观测值和相位观测值；λ_i 为波长；ρ_r^j 为站星几何距离；δt_r、δT^j 分别为地面接收机钟差和卫星钟差；c 为光速；$I_{r,i,P}^j$、$I_{r,i,\phi}^j$ 分别为伪距观测值和相位观测值上的电离层延迟；T_r^j 为对流层延迟；f_i 为信号频率；$N_{r,i}^j$ 为相位模糊度；$d_{r,i,P}$、$d_{r,i,\phi}$ 分别为伪距观测和相位观测中的接收机硬件延迟；$d_{i,P}^j$、$d_{i,\phi}^j$ 分别为伪距观测和相位观测中的卫星硬件延迟；$M_{i,P}^j$、$M_{i,\phi}^j$ 分别为伪距观测和相位观测中的多路径效应；$\varepsilon_{r,i,P}^j$、$\varepsilon_{r,i,\phi}^j$ 分别为伪距和相位的观测噪声。

5.2.2 随机模型

在 GNSS 定轨解算过程中，需要用到伪距观测值和载波相位观测值，两类观测值的精度是不相同的。即使是同一类观测值，由于卫星的传播路径各不相同，其观测值的精度也会有差异。根据误差传播定律，经过组合的观测值精度会被不同程度地放大。在数据处理的过程中，需要根据不同精度给观测值定权。观测值随机模型描述了不同观测值的精度统计特性，通常在计算中以协方差矩阵的形式表示。一个能准确反映观测值相关性和精度质量的随机模型，能够提高 GNSS 卫星定轨的精度与收敛时间。

合理的随机模型是确定高精度卫星轨道的前提条件。目前广泛应用的随机模型主要包括等权随机模型、基于验后残差的随机模型、基于卫星高度角的随机模型以及基于信噪比的随机模型等。

1. 等权随机模型

等权随机模型假设所有卫星的原始观测值精度相同且不存在任何相关性。等权模型简单易实现，但是在不同应用场合下，受点位分布和观测条件等因素的影响，等权模型不能准确地体现不同观测值精度的相关性与差异性，以至于定轨结果的准确性与可靠性难以保证。

2. 基于卫星高度角的随机模型

GNSS 观测值中的大气延迟值和多路径效应等误差均受到高度角的影响，因此可以根据卫星高度角建立相应的随机模型。基于高度角的随机模型是将观测噪声表示成以卫星高度角为变量的函数，观测值方差 σ^2 可表示为

$$\sigma^2 = f(E) \tag{5.2.2}$$

其中，E 为卫星高度角。

常用的基于高度角的随机模型主要有指数函数模型和正余弦函数模型。指数模型通常表示为

$$\sigma^2 = \sigma_0^2(1 + a\mathrm{e}^{-E/E_0})^2 \tag{5.2.3}$$

其中，σ_0 为观测值在近天顶方向上的标准差，E_0 为参考高度角，a 为放大因子。

GAMIT 软件采用的是正弦函数模型，具体为

$$\sigma^2 = a^2 + b^2/\sin^2 E \tag{5.2.4}$$

Bernese 软件采用的是余弦函数模型，具体为

$$\sigma^2 = a^2 + b^2\cos^2 E \tag{5.2.5}$$

其中，a、b 为经验值。

PANDA、EPOS 软件采用的是高度角定权模型，具体为

$$\sigma^2 = \begin{cases} a^2, & E \geqslant 30° \\ a^2/4\sin^2 E, & E < 30° \end{cases} \tag{5.2.6}$$

3. 基于信噪比的随机模型

信噪比 (SNR) 指的是信号的强度与噪声的强度之间的比值。影响接收机信噪比的因素有很多，如大气延迟值、多路径效应、天线增益及接收机内部电路等，可以在一定程度上反映观测数据的质量。

基于信噪比的随机模型具体为

$$\sigma^2 = \frac{B_n}{10^{\frac{C/N_0}{10}}} \left(1 + \frac{1}{2 \times T \times 10^{\frac{C/N_0}{10}}}\right) \tag{5.2.7}$$

式中，B_n 为相位跟踪环宽度；T 为一体化检测波时间；C/N_0 表示载波噪声功率谱密度。

5.3 主要误差源与改正模型

GNSS 卫星定轨的误差主要来源于两个方面，分别为各种摄动力对卫星定轨的影响以及各种 GNSS 测量误差对卫星定轨的影响，前者主要影响卫星动力学模型的精度，而后者主要影响 GNSS 观测模型精度 (张睿，2016)。本节所指误差源为 GNSS 测量过程中的误差源。

地基 GNSS 测量中，误差源主要分为以下三类。

(1) 与卫星有关的误差，主要包括：卫星轨道误差、卫星钟差误差、卫星天线相位中心偏差、卫星硬件延迟偏差、天线相位缠绕、相对论效应、引力延迟等；

(2) 与测站有关的误差，主要包括：接收机钟差误差、接收机天线相位中心偏差、接收机硬件延迟偏差、固体潮、海潮、极潮、地球自转等；

(3) 与信号传播有关的误差，主要包括：电离层延迟误差、对流层延迟误差、多路径效应等。

5.3.1 与卫星有关的误差

1. 卫星轨道误差

卫星轨道误差主要指观测方程中卫星各时刻位置与卫星实际位置间的差值。在定位中，各历元卫星位置通常利用外部轨道产品 (如 IGS 轨道产品) 插值得到；在定轨过程中，各历元卫星位置利用初始时刻卫星的动力学参数表示，在解观测方程时，初始时刻卫星的动力学参数被当作未知参数进行求解。卫星轨道误差主要受动力学模型精度、定轨跟踪站分布、定轨解算策略、跟踪方法等因素影响。

2. 卫星钟差误差

卫星钟差误差主要指卫星钟的钟面时间与导航系统标准时间的差值。钟差误差主要包括系统误差和随机误差。系统误差主要表现在钟差、钟速以及钟漂等偏差，随机误差主要用钟的稳定度进行描述。某一时钟在 t 时刻的钟差可表示为

$$T = a_0 + a_1(t-t_0) + a_2(t-t_0)^2 + \int_{t_0}^{t} y(t)\,\mathrm{d}t \tag{5.3.1}$$

式中，a_0 表示 t_0 时刻该钟的钟差；a_1 表示 t_0 时刻该钟的钟速；a_2 表示 t_0 时刻该钟的钟漂；$\int_{t_0}^{t} y(t)\,\mathrm{d}t$ 表示随机误差。

在定位中，各历元卫星钟差通常也是利用外部钟差产品 (如 IGS 钟差产品) 插值得到的；在定轨中，各历元卫星钟差被当作未知参数进行估计。式 (5.3.1) 广泛应用于钟差预报产品的计算当中。

3. 卫星天线相位中心偏差

在卫星动力学定轨中，卫星位置往往以卫星的质心作为参考，而卫星的质心和卫星的天线相位中心通常情况下是不重合的，这两者间的偏差就称为卫星天线相位中心偏差。

卫星天线相位中心偏差通常包括天线相位中心偏差 (PCO) 和天线相位中心变化 (PCV) 两个部分。PCO 改正通常定义在星固坐标系中，改正时需要将星固坐标系中的改正值转换到惯性坐标系下进行改正。PCV 改正与卫星的天底角有关，改正时首先计算该历元的卫星天底角，然后根据天底角计算对应的改正值直接加到距离观测量上即可。目前，IGS 对于 GPS 和 GLONASS 系统已公布了其 PCO 和

5.3 主要误差源与改正模型

PCV 改正, 对 Galileo 系统也给出了 PCO 改正, 具体的改正信息可参见 IGS 公布的 atx 文件。对于 BDS 系统, 已有多家机构根据地面标定的 PCO 改正值对 BDS 卫星的 PCO 和 PCV 进行了在轨标定 (Dilssner et al., 2014; Guo et al., 2016)。

4. 卫星硬件延迟偏差

卫星硬件延迟偏差是指卫星信号在卫星内部传播的延迟, 卫星硬件延迟偏差具有一定的系统性, 它不仅与载波信号频率有关, 并且处于同一频率的不同类型信号的延迟也不一样。卫星硬件延迟偏差包括码硬件延迟偏差以及相位硬件延迟偏差。对于码硬件偏差, 可在估计全球电离层建模时一同进行估计, 目前已有多家机构公布了其各自的 GNSS 卫星硬件延迟偏差产品, 如欧洲定轨中心 (CODE); 对于相位硬件延迟偏差, 在非差观测模型中, 载波相位硬件延迟一般会被模糊度吸收, 继而导致非差模型中模糊度参数不具有整周特性。

5. 天线相位缠绕

天线相位缠绕是指当卫星天线或者接收机天线绕竖轴旋转时, 载波相位观测值发生变化的现象。GNSS 右旋极化方式的卫星信号使得载波相位观测值与卫星和接收机天线的朝向有关。对于接收机而言, 在静态模式下, 接收机天线不发生旋转, 也就不存在天线相位缠绕情况; 在动态模式下, 虽然天线旋转会引起相位缠绕现象, 但此误差可以被接收机钟差所吸收。对于卫星而言, 卫星正常情况下保持卫星太阳能面板朝向太阳, 这就导致卫星天线会相应地发生缓慢旋转。特别是当卫星进入阴影区域时, 卫星旋转加快, 此时, 天线相位缠绕对测距的影响较大, 定轨时通常对进入阴影区域的卫星进行经验力补偿。相位缠绕可以利用式 (5.3.2) 进行改正 (Wu et al., 1993)。

$$\Delta\phi = 2N\pi + \Delta\varphi \tag{5.3.2}$$

式中, $\Delta\varphi = \text{sign}(\boldsymbol{\zeta})\cos\left(\bar{\boldsymbol{D}}'\cdot\boldsymbol{D}/(|\bar{\boldsymbol{D}}'||\boldsymbol{D}|)\right)$, $\boldsymbol{\zeta} = \boldsymbol{k}\cdot\left(\bar{\boldsymbol{D}}'\times\boldsymbol{D}\right)$, $\boldsymbol{D} = \boldsymbol{x} - \boldsymbol{k}(\boldsymbol{k}\cdot\boldsymbol{x}) + \boldsymbol{k}\times\boldsymbol{y}$, $\bar{\boldsymbol{D}}' = \boldsymbol{x}' - \boldsymbol{k}(\boldsymbol{k}\cdot\boldsymbol{x}') + \boldsymbol{k}\times\boldsymbol{y}'$, $N = \text{nint}\left[(\Delta\phi_{\text{prev}} - \Delta\varphi)/(2\pi)\right]$, $\Delta\varphi$ 表示相位缠绕误差不足一周的小数部分, $\Delta\phi_{\text{prev}}$ 表示前一历元的相位改正; $\boldsymbol{k}$ 表示卫星到接收机的单位向量; $\boldsymbol{x}, \boldsymbol{y}, \boldsymbol{z}$ 表示星固坐标系单位向量; $\boldsymbol{x}', \boldsymbol{y}', \boldsymbol{z}'$ 表示测站站心地平坐标系单位向量; sign 表示符号函数; nint 表示取整函数。

6. 相对论效应

相对论效应是卫星钟和接收机钟所处的状态 (运动速度和重力位) 不同而引起的卫星钟和接收机钟之间产生的相对钟误差现象, 由于 GNSS 卫星轨道并非严格圆轨道, 所以卫星运动速度并非定值, 且卫星在不同位置受到的地球重力场影响也不同, 这使得相对论效应对卫星钟差影响并非常数。具体改正为

$$\Delta\rho = -\frac{2}{c}\boldsymbol{X}\cdot\dot{\boldsymbol{X}} \tag{5.3.3}$$

式中，$\boldsymbol{X}$ 表示卫星的位置矢量；$\dot{\boldsymbol{X}}$ 表示卫星的速度矢量。

$$\Delta D_g = \frac{2GM_e}{c^2}\ln\frac{r+R+\rho}{r+R-\rho} \tag{5.3.4}$$

式中，G 为万有引力常数；M_e 为地球质量；c 表示真空中光速；r 表示卫星至地心的距离；R 表示测站至地心的距离；ρ 表示卫星至测站的距离。

当卫星接近地平面时，引力延迟影响最大，约为 19mm；当卫星在测站天顶方向时引力延迟最小，约为 13mm。

5.3.2 与测站有关的误差

1. 接收机钟差误差

接收机钟差是接收机的时标晶体振荡器频率漂移引起的接收机钟面时间与导航系统标准时间的差异。受成本等因素的影响，接收机钟一般采用石英钟，稳定度约为 10^{-9}，与卫星钟相比差别较大，在利用非差模型进行定轨和定位解算时，接收机钟差通常被当作未知参数进行估计。在 GNSS 联合数据处理中，接收机钟差参数通常以一个系统为基准，其他系统则在此基础上再加入不同导航系统之间的时差改正。需要说明的是，此时的时差并非真正的时差，而是包含接收机硬件延迟偏差的伪时差，所以在 GNSS 联合数据处理时，通常每个接收机都要估计一个不同系统间的接收机钟差偏差参数 (黄观文，2012)。

2. 接收机天线相位中心偏差

与卫星天线情况类似，接收机天线的平均相位中心与几何相位中心一般情况下是不重合的。接收机天线相位中心偏差也包括 PCO 和 PCV 两部分，一般情况下由天线生产厂家给出，IGS 公布的 atx 文件中包含了目前大部分接收机的 PCO 和 PCV 改正。PCO 改正通常定义在站心坐标系中，改正时需将其转换到地固坐标系中。PCV 改正可根据方位角和高度角信息，对改正参数进行内插得到。

3. 接收机硬件延迟偏差

接收机硬件延迟偏差是指信号在接收机内部传播的延迟，其通常分为码硬件延迟偏差以及相位硬件延迟偏差，且不同接收机信号通道间的延迟通常不同。在非差数据处理过程中，接收机码硬件延迟偏差通常被接收机钟差吸收，而接收机相位硬件延迟偏差通常被模糊度参数吸收。

4. 测站潮汐改正

与 SLR 测站一样,GNSS 站也会受到固体潮、海潮、极潮等潮汐影响,造成测站坐标发生变化。具体改正见 4.2.2 节。

5. 地球自转改正

卫星在 t_1 时刻发出的信号经过传输后于 t_2 时刻被接收机接收,在此期间,地球自转轴将会旋转一个角度 $\Delta\alpha$,设地球的自转速度为 ω,则有

$$\Delta\alpha = \omega(t_2 - t_1) \tag{5.3.5}$$

$$\begin{pmatrix} \delta x^s \\ \delta y^s \\ \delta z^s \end{pmatrix} = \begin{pmatrix} 0 & \sin\Delta\alpha & 0 \\ -\sin\Delta\alpha & 0 & 0 \\ 0 & 0 & 0 \end{pmatrix} \begin{pmatrix} x_1^s \\ y_1^s \\ z_1^s \end{pmatrix}$$

$$\approx \begin{pmatrix} 0 & \Delta\alpha & 0 \\ -\Delta\alpha & 0 & 0 \\ 0 & 0 & 0 \end{pmatrix} \begin{pmatrix} x_1^s \\ y_1^s \\ z_1^s \end{pmatrix}$$

$$= \begin{pmatrix} \omega(t_2 - t_1) y_1^s \\ -\omega(t_2 - t_1) x_1^s \\ 0 \end{pmatrix} \tag{5.3.6}$$

卫星位置的变化导致卫星至接收机的距离也产生变化,具体为

$$\delta\rho = \frac{\omega}{c}\left[(x_1^s - X) y_1^s - (y_1^s - Y) x_1^s\right] \tag{5.3.7}$$

式中,X 和 Y 分别表示测站在地固坐标系中的 X 坐标和 Y 坐标。

5.3.3 与信号传播有关的误差

1. 电离层延迟改正

电离层在大气层中的高度为 60~1000km,该区域中含有大量的电子和正离子,当电磁波信号穿过电离层区域时,其传播速度会发生变化,变化的程度主要与电离层中的电子密度以及信号的频率有关。电离层影响信号的传播速度,这就导致由信号传播时间乘上光速得到的卫星和测站间的几何距离误差较大,对于 GNSS 测量,该误差在测站天顶方向可达到几十米,在高度角为 5° 时,可达到 50m (李征航等,2005)。

GNSS 伪距观测值和载波相位观测值的一阶电离层延迟改正分别为 (叶世榕，2002)

$$(V_{\text{ion}})_P = -\frac{40.3}{f^2}\int_s N_e \mathrm{d}s$$
$$(V_{\text{ion}})_\phi = +\frac{40.3}{f^2}\int_s N_e \mathrm{d}s \tag{5.3.8}$$

式中，f 表示导航信号频率；N_e 表示电子密度，电子密度一般在高度 300~400km 取得最大值。

考虑到电离层一阶延迟与信号频率成反比的特性，可以利用双频观测数据消除电离层一阶误差的影响。以伪距观测值为例，对于双频观测值，其一阶电离层延迟可分别表示为

$$\delta P_1 = \frac{I}{f_1^2}, \quad \delta P_2 = \frac{I}{f_2^2} \tag{5.3.9}$$

式中，$I = -40.3\int_s N_e \mathrm{d}s$。

为消除电离层影响，需对原始的双频观测值进行组合，组合系数 a_1 和 a_2 应满足如下条件：

$$\frac{a_1}{f_1^2} + \frac{a_2}{f_2^2} = 0 \tag{5.3.10}$$

原则上 a_1 和 a_2 可以选择满足式 (5.3.10) 的任意一组值，但通常情况下，a_1 和 a_2 的取值分别为

$$a_1 = \frac{f_1^2}{f_1^2 - f_2^2}, \quad a_2 = -\frac{f_2^2}{f_1^2 - f_2^2} \tag{5.3.11}$$

从而可得到消除一阶电离层影响的组合伪距观测值为

$$P_3 = \frac{f_1^2 P_1 - f_2^2 P_2}{f_1^2 - f_2^2} \tag{5.3.12}$$

同理，可得到消除一阶电离层影响的组合载波相位观测值为

$$L_3 = \frac{f_1^2 L_1 - f_2^2 L_2}{f_1^2 - f_2^2} \tag{5.3.13}$$

2. 对流层延迟改正

当电磁波信号通过地表高度 50km 以下未被电离的中性大气层时，信号会发生延迟，由于延迟 80% 左右发生在对流层，所以通常称为对流层延迟。当对流层对测站在天顶方向的延迟约为 2.3m，在高度角为 10° 时，对流层延迟误差可达 20m (叶世榕，2002)。

对流层延迟与大气参数密切相关，包括气压、温度和湿度等，主要分为干分量延迟和湿分量延迟，且 90% 左右的影响来自干分量延迟。对流层延迟可由天顶方

向的干、湿分量延迟以及与高度角相关的投影函数表示，则对流层总延迟 ΔP_{trop} 具体为

$$\Delta P_{\text{trop}} = \Delta P_{z,\text{dry}} M_{\text{dry}}(E) + \Delta P_{z,\text{wet}} M_{\text{wet}}(E) \tag{5.3.14}$$

式中，$\Delta P_{z,\text{dry}}$ 表示天顶方向的对流层干分量延迟；$M_{\text{dry}}(E)$ 表示对流层干分量延迟投影函数；$\Delta P_{z,\text{wet}}$ 表示天顶方向的对流层湿分量延迟；$M_{\text{wet}}(E)$ 表示对流层湿分量延迟投影函数；E 表示天顶距。

在 GNSS 数据处理中，通常将对流层延迟当作未知参数进行估计。常用的对流层改正模型有Hopfield模型(Hopfield，1971)、Saastamoine模型(Saastamoinen，1972)以及 UNB3M 模型 (Leandro et al., 2006) 等。其中，Saastamoine 模型可表示为

$$\begin{cases} \Delta P_{z,\text{dry}} = \dfrac{0.0022768p}{f(B,h)} \\ \Delta P_{z,\text{wet}} = \dfrac{0.0022768e}{f(B,h)} \left(\dfrac{1255.0}{T} + 0.05 \right) \end{cases} \tag{5.3.15}$$

式中，$f(B,h)$ 表示纬度和高程的函数，即 $f(B,h) = 1 - 0.00266\cos(2B) - 0.00028h$；$p$ 表示测站大气压强；T 表示测站温度；B 表示测站纬度；h 表示测站高程；e 表示大气中的水汽压。

常用的投影函数改正模型主要有 Chao 模型 (Chao, 1971)，Marini 模型 (Marini, 1972)，Lanyi 模型 (Lanyi, 1984)，Davis 模型 (Davis et al., 1985)，Herring 模型 (Herring, 1992)，NMF 模型 (Niell, 1996) 以及 GMF 模型 (Boehm et al., 2006) 等。

3. 多路径效应

在 GNSS 测量过程中，如果卫星信号经测站周围反射物反射 (反射波) 进入接收机天线中，将会和直接来自卫星的信号 (直射波) 产生干涉，从而产生多路径误差。多路径误差对伪距测量的影响较大，对于 P 码，多路径误差的影响可达 10m 以上。目前消除多路径误差影响的措施主要有选择合适的站址、选择合适的接收机和天线、延长观测时间以及利用小波分析法或者半参数法改正多路径误差等。

5.4 GNSS 卫星轨道确定

GNSS 卫星定轨主要包括观测数据预处理、卫星初始轨道计算、观测值误差改正与观测方程线性化、法方程组建与参数估计等步骤。

表 5.4.1 给出了 GNSS 卫星轨道确定的基本策略。GNSS 卫星定轨策略主要包括三部分，观测模型、动力学模型和解算参数。在实际定轨过程，需要根据 GNSS 系统的建设情况，如卫星轨道分布、地面站布设、观测数据质量及数量等，以及定轨需求等对定轨策略进行合理调整。

表 5.4.1 GNSS 卫星定轨策略

	项目	描述
观测模型	观测值	无电离层组合观测值
	定轨弧长	根据卫星系统布站情况及数据量确定
	卫星初始轨道	广播星历计算得到
	数据处理间隔	5min
	截止高度角	5°
	卫星天线相位中心改正	GPS、GLONASS、Galileo 采用 igs14.atx 改正；北斗卫星采用 MGEX 协议值
	卫星姿态模型	GPS、GLONASS、Galileo 采用 Kouba 姿态模型；北斗 GEO 采用零偏模型；北斗 IGSO/MEO 采用动偏、零偏切换的姿态模型
	接收机天线相位中心改正	采用已知的 PCO 和 PCV 改正
	对流层延迟改正	模型改正
	电离层延迟改正	采用消电离层组合
	相位缠绕	模型改正
	相对论效应	模型改正
动力学模型	重力场模型	EGM2008(12×12)
	N 体摄动	DE405
	太阳光压	ECOM 光压模型或其他模型
	固体潮、极潮、大气潮	IERS2010 模型改正
	海潮	CSR 4.0 模型改正
	经验力学模型	经验摄动模型或随机脉冲参数
估计参数	卫星初始状态	3 个位置参数、3 个速度参数
	太阳光压参数	待估参数视光压模型而定
	测站坐标	常参数估计，强约束至 IGS 站坐标
	对流层参数	模型改正 + 随机游走估计
	模糊度	各系统分别固定
	经验加速度或随机脉冲参数	设置组数及时间间隔视模型而定
	系统间偏差	多系统卫星定轨，常参数估计

5.4.1 观测数据预处理

高质量的观测数据是实现高精度轨道确定的前提条件之一。尽管目前 GNSS 观测质量已大大提高，GNSS 相位观测数据的测量精度可以达到 1~2mm，但在实际观测中，接收机的不稳定性、多路径效应影响及电离层闪烁等，常会造成卫星信号的失锁或观测值异常等数据质量问题。如果这些问题得不到较好的解决，就会直接影响 GNSS 定轨精度。GNSS 精密定位和定轨常用相位数据作为观测量。然而，相位观测量可能存在周跳，因此在使用相位观测量进行精密定位或定轨之前，必须进行数据预处理。数据预处理的任务主要包括：粗差探测与处理、周跳探测与修复。

1. 粗差探测与处理

在观测值数据传输中,测量设备异常、传输误码、预处理异常等各种因素会使个别值与其他值截然不同,这种测量值称为异常测量值,即粗差。这种异常值与真实值之间的误差达到几百米甚至几千米、几十千米,对定轨精度造成了严重的影响。在数据处理过程中必须对这些违反测量规律的异常测量值进行剔除。

粗差探测和剔除主要分为两种模式,第一种将粗差用方差膨胀模型表示,利用稳健估计处理粗差,当粗差被探测成功时,按照一定的原则进行降权处理;第二种将粗差用期望漂移模型表示,如果模型运用得恰当,粗差就能被正确探测并消除。常用的粗差探测和剔除方法有最小二乘残差法、粗差拟准检定法、码观测值差分法等。

2. 周跳探测与修复

周跳的处理方法有两种:一是修复周跳,即解决周跳有多大这个问题。周跳修复后,相位观测值的初始模糊度仍保持不变;二是引入新的模糊度参数,重新解算模糊度。对于短基线 GPS 动态测量,由于模糊度解算时间短,可靠性高,我们可以将周跳设为模糊度参数来重新解算。但是,对于中长基线而言,由于模糊度解算时间长,成功率低,此时修复周跳就显得特别重要。

常规条件下周跳的探测与修复方法很多,如 TurboEdit 方法、电离层残差法、小波变换法等,这些方法已经达到能探测 1 周小周跳的精度。TurboEdit 方法是常用的非差数据周跳检测方法 (Blewitt,1990)。主要用到的是双频观测数据的 MW 组合和无几何组合观测量,无须计算卫星位置,仅根据观测信息来自主识别周跳,并解算两个频率上的周跳值,从而修复周跳后的观测数据。

1) MW 组合探测法

MW 组合探测法是载波相位组合观测量与伪距组合观测量的差值,即载波宽巷组合与伪距窄巷组合的差值,组合的原理公式为

$$L_{\mathrm{MW}} = \frac{1}{f_1 - f_2}(f_1 L_1 - f_2 L_2) - \frac{1}{f_1 + f_2}(f_1 P_1 + f_2 P_2)$$
$$= \frac{c}{f_1 - f_2}(N_2 - N_1) + \nu \tag{5.4.1}$$

$$\lambda_{\mathrm{MW}} = \frac{c}{f_1 - f_2} \tag{5.4.2}$$

式中,L_{MW} 表示 MW 组合观测量;N_1、N_2 表示双频模糊度值;ν 表示多路径效应、观测噪声等影响的综合量;λ_{MW} 表示组合波长值。该组合方法消除了几何距离、电离层延迟值、对流层延迟值、卫星钟差、接收机钟差等的影响,只剩下宽巷

模糊度、多路径效应和观测噪声。假如观测值没有发生周跳，L_{MW} 应该是一个比较稳定的数值，只受到多路径和观测噪声的影响。利用历元间求差的方法构建周跳探测量为

$$\begin{aligned}\Delta L_{\mathrm{MW}} &= L_{\mathrm{MW}}(t+1) - L_{\mathrm{MW}}(t) \\ &= \frac{c}{f_1 - f_2}(\Delta N(t+1) - \Delta N(t))\end{aligned} \quad (5.4.3)$$

式中，ΔL_{MW} 表示历元间求差的周跳检测量，当发生周跳时，其值将发生较大的波动；当未发生周跳时，其值主要受多路径效应和观测噪声的影响，在零值附近发生较小的波动。但是，当 L_1 和 L_2 载波同时发生相同的周跳时，历元间求差后，无法探测出周跳值，所以可以联合多种周跳探测方法进行探测 (吴丹, 2015)。

2) 无几何距离组合探测法

无几何距离组合探测法又称为电离层残差法，该组合通过消除几何距离、卫星钟差、接收机钟差及对流层延迟等误差的影响，只剩下电离层延迟信息、模糊度信息、多路径及观测噪声等的影响。同一历元下 L_1 和 L_2 载波相位观测值之差为

$$\begin{aligned}L_{\mathrm{GF}} &= L_1 - L_2 \\ &= \delta I + (\lambda_1 N_1 - \lambda_2 N_2) + \varepsilon\end{aligned} \quad (5.4.4)$$

式中，L_{GF} 表示无几何距离组合观测值；δI 表示电离层延迟信息；N_1、N_2 分别表示 L_1 和 L_2 的模糊度；ε 表示多路径和观测噪声等误差的综合量。

无几何距离的基本思想是先进行同历元载波相位观测值的求差，然后在历元间求差构建周跳探测量。由于多路径、观测噪声及硬件延迟等信息的量级较小或比较稳定，求差后可以忽略。另外，一般历元间的电离层延迟值也比较稳定，求差后电离层信息的影响也可以忽略。历元间求差的周跳探测量为

$$\begin{aligned}\Delta L_{\mathrm{GF}} &= L_{\mathrm{GF}}(t+1) - L_{\mathrm{GF}}(t) \\ &= \Delta I + \lambda_1 \Delta N_1 - \lambda_2 \Delta N_2 + \Delta \varepsilon\end{aligned} \quad (5.4.5)$$

可以根据探测量 ΔL_{GF} 来设置相应的阈值 δ 来进行周跳的探测，周跳判断式为

$$\begin{cases} |\Delta L_{\mathrm{GF}}| < \delta, & \text{无周跳} \\ |\Delta L_{\mathrm{GF}}| > \delta, & \text{有周跳} \end{cases} \quad (5.4.6)$$

式中，δ 一般可以取 0.05。

5.4.2 卫星初始轨道确定

在对 GNSS 卫星进行轨道确定与精化时，首先需要计算卫星的初始概略轨道，也即初轨。GNSS 卫星的初轨通常由卫星广播星历计算得到。根据开普勒轨道参数，可以计算卫星在不同坐标系中的瞬时坐标。

对于不同的卫星导航系统，GNSS 卫星的初轨计算方法也不尽相同。对于 GLONASS 格式的卫星星历，计算卫星位置与速度时一般采用龙格–库塔法；对于 GPS 格式的卫星星历，计算卫星位置时通常利用导航星历中给出的开普勒参数和相应的时间计算出对应时刻的卫星轨道；利用广播星历计算北斗卫星轨道与 GPS 轨道有两点不同之处：① GPS 广播星历参考 WGS84 坐标系，北斗广播星历参考的是 CGCS2000，二者对应的参考椭球不一致；② 对于 GEO 卫星，由于其轨道倾角较小，升交点赤经与近地点角距无法明显区分开，从而参数之间的相关性太强，这种情况会导致拟合的法方程病态，最终使拟合发散。针对这种问题可以将坐标系基本参考面旋转一个角度，利用这种方法来改善 GEO 卫星的拟合效果，这种方法相当于重新选取了坐标系。因此，对于 GEO 卫星可以采取两次旋转的方案：先将拟合时段内的卫星位置旋转到虚拟的惯性系，然后在轨道面旋转一个角度，最后，可以直接在惯性系内拟合 GEO 卫星的广播星历参数。旋转角度可选取为 $-5°$。

计算 GEO 卫星坐标的具体步骤如下。

(1) 计算历元升交点赤经 (惯性系下)

$$\Omega_k = \Omega_0 + \dot{\Omega} \cdot t_k - \dot{\Omega}_e \cdot t_{oe} \tag{5.4.7}$$

其中，Ω_0 为按参考时间计算的升交点赤经，$\dot{\Omega}$ 为升交点赤经变化率，t_k 为观测历元到参考历元的时间差，$\dot{\Omega}_e$ 为地球旋转速率，t_{oe} 为星历参考时间。

(2) 计算 GEO 卫星在自定义坐标系中的坐标

$$\begin{cases} X_{GK} = x_k \cos\Omega_k - y_k \cos i_k \sin\Omega_k \\ Y_{GK} = x_k \sin\Omega_k - y_k \cos i_k \cos\Omega_k \\ Z_{GK} = y_k \sin i_k \end{cases} \tag{5.4.8}$$

其中，(x_k, y_k) 为计算得到的卫星在轨道平面内的坐标；i_k 为参考时刻的轨道倾角。

(3) 计算 GEO 卫星在 CGCS2000 坐标系中的坐标

$$\begin{pmatrix} X_K \\ Y_K \\ Z_K \end{pmatrix} = R_Z(\dot{\Omega}_e \cdot t_k) R_X(-5°) \begin{pmatrix} X_{GK} \\ Y_{GK} \\ Z_{GK} \end{pmatrix} \tag{5.4.9}$$

式中，

$$R_X(\varphi) = \begin{pmatrix} 1 & 0 & 0 \\ 0 & \cos\varphi & \sin\varphi \\ 0 & -\sin\varphi & \cos\varphi \end{pmatrix}, \quad R_Z(\phi) = \begin{pmatrix} \cos\phi & \sin\phi & 0 \\ -\sin\phi & \cos\phi & 0 \\ 0 & 0 & 1 \end{pmatrix}$$

$$\varphi = -5°, \quad \phi = \dot{\Omega}_e \cdot t_k$$

5.4.3 精密轨道确定

1. 非差动力法与双差动力法

在导航卫星精密定轨中，通常使用经典的动力学法。根据观测量组差方式的不同，又可细分为非差动力法和双差动力法。非差动力法使用非差观测量进行精密定轨，无须组差，不损失观测信息，观测量间的独立性较好，可规避复杂的相关权问题，能够同时估计轨道和钟差参数，算法实现简单明了，其缺点是对误差改正模型的精度有较高要求，并且需要同时估计大量参数，会在一定程度上影响算法的数值稳定性；双差动力法在定轨中使用双差观测量，可消除或减弱大部分误差源的影响，并保持模糊度的整数特性，同时能够消除大量的钟差参数，从而减少待估参数个数，有助于参数估计的数值稳定性，其缺点是组差处理损失了观测信息，增加了观测量之间的相关性，放大了观测噪声。

从理论上讲，两种定轨模式精度是一致的。目前，GAMIT 和 Bernese 软件采用双差动力法处理模式，GIPSY、EPOS 和 PANDA 软件均采用非差动力法处理模式。

2. 参数分类及约束

在导航卫星精密定轨中，待估参数可分为三类。第一类是全局参数，即常数参数，在整个定轨过程中保持不变，包括测站坐标、轨道初始坐标和速度等；第二类是局域参数，如分段线性参数，这类参数只在一定观测时段内有效，包括对流层参数、模糊度参数、经验加速度参数等；第三类是历元参数，包括接收机钟差、卫星钟差等。

一般来说，给定类型的观测值不可能对理论模型中的所有待估参数都敏感，在这种情况下，法方程可能是奇异的。另外，对于某些已具备高精度初值的参数，也需要施加约束，即将"外部信息"引入到参数估计中，以保证整体解的稳定和精度。对参数进行约束的步骤如下：

$$Hp = h + v_h, \quad D(h) = \sigma^2 P_h^{-1} \tag{5.4.10}$$

式中，H 为 $r \times u$ 维且秩为 r 的系数矩阵，r 为约束方程的个数，满足 $r < u$；p 为 $u \times 1$ 维的未知参数向量；h 为 $r \times 1$ 维的常数向量；v_h 为 $r \times 1$ 维的残差向量；P_h^{-1} 为 $r \times r$ 维方差矩阵。

如果约束是非线性的，则须使用一阶泰勒级数展开进行线性化。将约束条件式 (5.4.10) 作为附加观测值引入观测方程中，得

$$\begin{pmatrix} y \\ h \end{pmatrix} + \begin{pmatrix} v_y \\ v_h \end{pmatrix} = \begin{pmatrix} A \\ H \end{pmatrix} \hat{p}, \quad D\left[\begin{pmatrix} y \\ h \end{pmatrix}\right] = \sigma^2 \begin{pmatrix} P^{-1} & 0 \\ 0 & P_h^{-1} \end{pmatrix} \quad (5.4.11)$$

结合式 (5.4.10) 和式 (5.4.11) 可以得到

$$(A^{\mathrm{T}}PA + H^{\mathrm{T}}P_hH)\hat{p} = A^{\mathrm{T}}py + H^{\mathrm{T}}P_hh \quad (5.4.12)$$

上式表明，通过将 $H^{\mathrm{T}}P_hH$ 和 $H^{\mathrm{T}}P_hh$ 添加到原始法方程中，引入了参数的先验信息。

以 Bernese 软件为例，可采用四种不同约束方式实现对不同类型的参数约束。这四种约束方式为绝对约束、相对约束、零均值条件约束和固定参数。具体参看文献 (Rolf et al., 2007)。

3. 参数消去与恢复

在全球定轨数据处理时，需要解算的参数种类、数量都较多。非差方法一般包括所有跟踪站的位置、导航卫星轨道根数、卫星和接收机钟差、模糊度参数、对流层延迟参数等，如果将所有参数都保留到法方程最后统一解算，则法方程系数矩阵将是一个非常巨大的数组，其管理和求逆运算都是非常耗时的。同时，这些参数按照其特点可以分为常参数和时变参数，部分参数是有时效的，也即存在活跃期和非活跃期。在活跃期，观测数据包含其信息，非活跃期，所有观测数据与该参数无关。因此，如果利用参数消去、恢复算法，在法方程中只保留常参数和活跃期参数，则可以大大减小法方程系数矩阵的维数，在数组管理和求逆时可以节省大量内存需求并加快计算速度 (任锴，2015)。

假设有法方程如下：

$$\begin{pmatrix} N_{11} & N_{21}^{\mathrm{T}} \\ N_{21} & N_{22} \end{pmatrix} \begin{pmatrix} p_1 \\ p_2 \end{pmatrix} = \begin{pmatrix} b_1 \\ b_2 \end{pmatrix} \quad (5.4.13)$$

若要消除参数 p_2，首先将方程转换成等号左边只含有参数 p_2 的方程：

$$p_2 = N_{22}^{-1}(b_2 - N_{21}p_1) \quad (5.4.14)$$

将式 (5.4.14) 代入式 (5.4.13) 中，得到消除参数 p_2 后的方程：

$$(N_{11} - N_{21}^{\mathrm{T}}N_{22}^{-1}N_{21})p_1 = (b_1 - N_{21}^{\mathrm{T}}N_{22}^{-1}b_2) \quad (5.4.15)$$

消参后的方程，在保留常参数和活跃参数外，有效地减小了法方程系数矩阵的维数。参数消去以后，在需要获得这些参数的解的时候，必须将这些参数再恢复回来。

由于历元参数数量较大，一般都会预先消除掉历元参数。为了获得这些参数的解，需要进行回代恢复，根据式 (5.4.14) 进行待恢复参数的解算。如果参数 p_1 为非历元参数，p_i $(i = 2, 3, \cdots, n)$ 为有效的历元参数，则法方程形式可写成

$$N = \begin{pmatrix} N_{11} & N_{12} & N_{13} & \cdots & N_{1n} \\ N_{21} & N_{22} & 0 & \cdots & 0 \\ N_{31} & 0 & N_{33} & \cdots & 0 \\ \cdots & \cdots & \cdots & \cdots & \cdots \\ N_{n1} & 0 & 0 & \cdots & N_{nn} \end{pmatrix} \quad (5.4.16)$$

考虑涉及两个历元参数的非对角矩阵块的值为 0，则法方程求逆时，对应参数 p_i 的矩阵 Q_{ii} 可以写成以下形式：

$$Q_{ii} = N_{ii}^{-1} + N_{ii}^{-1} N_{i1} Q_{11} N_{1i} N_{ii}^{-1}, \quad i = 2, 3, \cdots, n \quad (5.4.17)$$

只考虑历元参数的方差信息，则有

$$Q_{ii} \cong N_{ii}^{-1} \quad (5.4.18)$$

这表明在计算历元参数的方差协方差信息时，可以忽略非历元参数的统计误差信息。而按照式 (5.4.17) 计算时，将占用大量的计算机内存和 CPU 计算时间。需要强调的是，式 (5.4.18) 计算只对最后结果的精度信息有影响，并不影响待估历元参数的解算结果。

4. 模糊度解算

GNSS 非差观测方程中初始相位模糊度参数应为整数，但由于接收机钟差和卫星钟差、接收机及卫星端的硬件延迟、接收机和卫星间的初始相位漂移等因素的影响，难以将模糊度参数与这些误差进行有效分离，求得模糊度的整数解。通过对测站间、卫星间求差获得双差观测方程，可以消除或忽略钟差、系统硬件延迟以及初始相位漂移的影响，从而重新获得初始相位模糊度的整数特性。

模糊度的解算均包含两步，① 解算模糊度的实数解；② 通过一定的算法在实数解基础上，求得模糊度整数解。模糊度的解算方法有很多，这里主要介绍 Bernese 软件中使用的四种解算方法，即 ROUND、SEARCH、SIGMA 和 QIF 算法。

1) ROUND 算法

这种算法是最简单的模糊度解算方法,该算法不使用任何方差和协方差信息,只是将解算得到的模糊度实数解通过循环迭代使其无限接近模糊度的整数解。实际上,在基线长度超过几千米的情况下,不建议采用这种算法解算模糊度,因为其解算结果并不可靠。

2) SEARCH 算法

SEARCH 算法也称为 FARA (Fast Ambiguity Resolution Approach,模糊度快速分解算法)。通过最小二乘平差得到双差模糊度实数解向量如下:

$$p = (p_1, \cdots, p_u)^{\mathrm{T}} \tag{5.4.19}$$

式中,u 为双差模糊度个数。设 Q 为模糊度参数的协因数矩阵,σ_0^2 为验后方差因子,则模糊度参数 p_i 的标准偏差 m_i 以及两个模糊度参数 p_i 和 p_j 的差值 p_{ij} 的标准差 m_{ij} 可表示为

$$m_i = \sigma_0 \sqrt{Q_{ii}}, \quad m_{ij} = \sigma_0 \sqrt{Q_{ii} - 2 \cdot Q_{ij} + Q_{ij}} \tag{5.4.20}$$

设置信水平为 α,并假设解算得到的整数值备选参数 p_{A_i} 或者两个备选参数的差值 $p_{A_{ij}}$ 上下浮动范围值 ξ 服从 t 分布,有

$$p_i - \xi \cdot m_i \leqslant p_{A_i} \leqslant p_i + \xi \cdot m_i, \quad i = 1, 2, \cdots, u \tag{5.4.21}$$

$$p_{ij} - \xi \cdot m_{ij} \leqslant p_{A_{ij}} \leqslant p_{ij} + \xi \cdot m_{ij}, \quad i,j = 1, 2, \cdots, u, \ i \neq j \tag{5.4.22}$$

将满足条件 (5.4.21) 和 (5.4.22) 的整数值的所有可能组合,作为初始模糊度估计值 p 的备选模糊度向量集

$$P_{A_h}, \quad h = 1, \cdots, N$$

对于初始模糊度估计值 p,这些备选模糊度包括相应置信区间的整数值的所有可能组合。这些备选向量中的每一个都被引入随后的平差计算中并被视为已知量。将得到的标准差

$$\sigma_h, \quad h = 1, \cdots, N$$

作为平差是否成功的判断依据。具有最小标准偏差的整数向量 P_h 被认为是最终解。但是,在下面两种情况下,即使整数向量 P_h 拥有最小标准偏差,仍不能作为最终解算结果:一是 σ_h/σ_0 的值太大;二是存在另外一个向量 P_q 可以产生几乎相同的标准偏差,即 $\sigma_h/\sigma_0 \approx 1$。

在快速静态定位模式中,几乎只能应用搜索算法来解算模糊度。如果两个频率的观测值均可用,通常情况下只需要几分钟的数据就可以解算模糊度,而且精度可以达到 1cm 左右。如果只处理一个频率的观测值,那么观测数据的时长需要增大

(一般 30min)。在快速静态定位模式中，该算法一般只用于处理较短基线的数据，比如几千米。当然，我们也必须正视搜索算法的缺点，那就是利用搜索算法解算模糊度，要么所有的模糊度都可以解算出来，要么就是所有的模糊度均未能解算。

3) SIGMA 算法

假设 p_i, p_j 为两个双差模糊度参数，对于参数 p_i，在初始最小二乘平差中计算其验后均方根误差：

$$m_i = \sigma_0 \sqrt{Q_{ii}} \qquad (5.4.23)$$

式中，Q_{ii} 是相应的协因数阵的对角线元素。对于 $p_i - p_j$，其验后均方根误差为

$$m_{ij} = \sigma_0 \sqrt{Q_{ii} - 2 \cdot Q_{ij} + Q_{ij}} \qquad (5.4.24)$$

将 m_i 和 m_{ij} 根据误差大小按升序进行排列，在一次迭代中，如果满足：① 对应的验后均方根误差 m_i, m_{ij} 与 σ_0 相容，即 $m_i \leqslant \sigma_{\max}$ 或 $m_{ij} \leqslant \sigma_{\max}$；或者 ② 在置信区间 $(p_i - \xi m_i, p_i + \xi m_i)$ 和 $(p_{ij} - \xi m_{ij}, p_{ij} + \xi m_{ij})$ 内仅有一个整数，则求得模糊度最大值 $N_{\max}$。将 $N_{\max}$ 和 $\sigma_{\max}$ 引入下次迭代中，如果所有的模糊度都被解算出来，或者在最后一步迭代中基于以上条件没有解算出模糊度，则迭代终止。

该算法一般用于以下两种情况：① 处理单频观测数据时，时段长为几个小时，基线长度小于 20km；② 双频码观测值可用，基线长度可达几千千米，时长为几个小时。

4) QIF 算法

忽略对流层延迟的影响，双差观测方程可简写为

$$\begin{aligned} L_1 &= \rho - I + \lambda_1 n_1 \\ L_2 &= \rho - \frac{f_1^2}{f_2^2} \cdot I + \lambda_2 n_2 \end{aligned} \qquad (5.4.25)$$

因此，相应的无电离层线性组合方程为

$$L_3 = \rho + B_3 = \rho + \frac{c}{f_1^2 - f_2^2}(f_1 n_1 - f_2 n_2) \qquad (5.4.26)$$

利用 L_1 和 L_2 两个频率的观测值在初始最小二乘平差中得到模糊度的实数解 b_1 和 b_2，则相应的无电离层偏差值 $\tilde{B}_3$ 为

$$\tilde{B}_3 = \frac{c}{f_1^2 - f_2^2}(f_1 b_1 - f_2 b_2) \qquad (5.4.27)$$

令

$$\tilde{b}_3 = \frac{\overline{\tilde{B}_3}}{\lambda_3} = \overline{B}_3 \cdot \frac{f_1 + f_2}{c} = \frac{f_1}{f_1 - f_2} b_1 - \frac{f_2}{f_1 - f_2} b_2$$

$$= \beta_1 b_1 + \beta_2 b_2 \tag{5.4.28}$$

用 n_{1i} 和 n_{2j} 表示整周模糊度真值，引入 L_3 偏差，令

$$b_{3ij} = \beta_1 n_{1i} + \beta_2 n_{2j} \tag{5.4.29}$$

将实数解和整数解之间的差值 $d_{3ij} = \left| \tilde{b}_3 - b_{3ij} \right|$ 作为确定 n_{1i} 和 n_{2j} 整数对的准则。对于相同数量级的 d_{3ij}，有很多组不同的 n_{1i} 和 n_{2j} 组合，它们位于有关 (n_1, n_2) 的窄带空间上。该窄带的中心线方程为

$$\beta_1 n_{1i} + \beta_2 n_{2j} = \tilde{b}_3 \tag{5.4.30}$$

通过限制搜索范围才能得到唯一解。具体实现方法见文献 (Rolf et al., 2007)。该方法适用于长时段双频数据处理，基线长度可达 1000~2000km。

5. 单系统定轨与多系统定轨

利用全球分布的多模 GNSS 接收机，同时观测多 GNSS 系统信号，在定轨解算时，可同步处理多个系统的观测，同时解算出多 GNSS 卫星定轨结果。多 GNSS 联合定轨，需要解决空间基准和时间基准的统一问题，将所有观测数据及相应的导航星历及钟差统一到相同的时空基准中。

在多 GNSS 导航系统联合定轨时，由于信号结构和发射频率的不同，不同导航系统的伪距和相位观测值在卫星端和接收机端的信号延迟存在差异，多系统融合数据处理时需要考虑这种系统间的偏差 (ISB)。通常卫星端的系统间偏差被卫星钟差吸收，接收机端相位的系统间偏差被模糊度参数吸收，接收机端伪距的系统间偏差则需要估计。对于 GLONASS 系统来说，不同卫星信号发射频率不同，在数据处理时还需要顾及接收机端频率间偏差 (IFB)。由于参数间的相关性，同时估计卫星钟差、接收机钟差以及系统间偏差和频间偏差会引起方程秩亏，需要引入基准约束条件。因此，引入整个解算的重心基准，以 GPS 为参考，估计其他系统相对于 GPS 的偏差值，并以零均值作为约束条件，即所有测站接收机端对同一系统的偏差值和为零；所有接收机端对同一 GLONASS 频率的偏差值和为零。具体可表示为 (戴小蕾，2016)：

$$\begin{cases} b_{1C} + b_{2C} + b_{3C} + \cdots + b_{nC} = 0 \\ b_{1E} + b_{2E} + b_{3E} + \cdots + b_{nE} = 0 \\ b_{1R_1} + b_{2R_1} + b_{3R_1} + \cdots + b_{nR_1} = 0 \\ b_{1R_2} + b_{2R_2} + b_{3R_2} + \cdots + b_{nR_2} = 0 \\ b_{1R_3} + b_{2R_3} + b_{3R_3} + \cdots + b_{nR_3} = 0 \\ \qquad \vdots \\ b_{1R_k} + b_{2R_k} + b_{3R_k} + \cdots + b_{nR_k} = 0 \end{cases} \tag{5.4.31}$$

其中，b_{iC}、b_{iE} $(i=1,2,\cdots,n)$ 为第 i 个测站对应的北斗和 Galileo 信号相对于 GPS 的系统间偏差；b_{iR_j} $(i=1,2,\cdots,n;\ j=1,2,\cdots,k)$ 为第 i 个测站、第 j 频率对应的 GLONASS 信号相对于 GPS 的频间偏差。

多系统精密轨道确定主要有两种方法：① 两步法，即采用 IGS 提供的 GPS 精密轨道和钟差产品，先利用 GPS 的观测数据，建立平差模型，精确确定测站坐标、接收机钟差和对流层等参数；然后，将对已解算的参数进行强约束，再解算其他 GNSS 导航卫星的精密轨道。② 一步法，即将所有 GNSS 观测数据在同一平差模型中同时处理、同时确定 GPS 及其他 GNSS 导航卫星的精密轨道。一步法实质上实现了严格意义上的多系统统一平差和地球物理参数的联合求解，解算的 GNSS 卫星轨道和钟差具有更好的一致性 (李敏, 2011; 戴小蕾等, 2016)。

5.4.4 轨道预报

对导航服务而言，关注点之一是 GNSS 卫星的轨道预报精度。对卫星轨道预报，有两种常用方法，一是利用已知的离散卫星位置速度根据一定的数学模型 (如拉格朗日插值、切比雪夫多项式拟合等) 进行拟合外推；二是由已知的离散卫星位置速度根据相应的力学模型进行轨道的外推。这两种方法各有优缺点，第一种在实现上较为简单，但随着外推时间的延长，外推精度急剧下降，这种方法不包含卫星的物理意义；第二种方法利用已知的力学模型和初始轨道根数 (卫星坐标)，通过轨道积分进行轨道外推，这种轨道预报方法的精度在理论上是很高的，预报精度仅取决于定轨获得的初轨和力学模型的精度。目前 IGS 采用全球监测网进行 GPS 卫星定轨解算，监测站分布较均匀，并且可以覆盖各 GPS 卫星全弧段，精密定轨力学参数解算精度较高 (周善石等, 2010)。单纯利用定轨解算的动力学参数和卫星初始轨道进行轨道预报就可以得到较高精度的轨道预报。

这里主要介绍第二种预报方式，即涉及卫星力学模型的卫星轨道预报。该方式通常积累数天弧段的观测数据，能够对卫星状态参数和动力学参数进行较高精度的估计，继而利用这些参数采用较为完善的力学模型，对卫星运动方程进行积分以完成轨道预报，其轨道预报精度较高，预报弧长通常能够长于定轨弧长的数倍 (李冉, 2015)。

利用力学模型和初始轨道根数对 GPS/GLONASS 联合轨道进行预报，选取了 2018 年 7 月 19 日的含 GPS 和 GLONASS 双系统的全球均匀分布的 64 个 IGS 测站数据进行轨道预报试验，轨道预报弧长设置为 6 个小时。图 5.4.1 和图 5.4.2 分别为 GPS/GLONASS 双系统联合定轨时，GPS 卫星和 GLONASS 卫星轨道预报的精度。

5.4 GNSS 卫星轨道确定

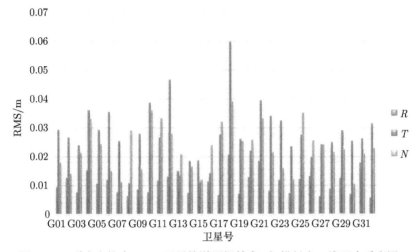

图 5.4.1 联合定轨中 GPS 卫星轨道预报精度 (扫描封底二维码查看彩图)

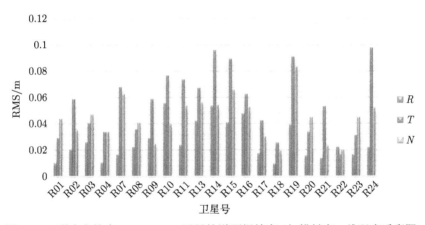

图 5.4.2 联合定轨中 GLONASS 卫星轨道预报精度 (扫描封底二维码查看彩图)

通过与 CODE 分析中心发布的精密轨道进行比较, 结果表明, 预报轨道沿径向、迹向、法向的位置偏差 RMS 分别为 2.1cm, 4.4cm, 3.4cm, 1D 位置偏差 RMS 为 6.0cm, 其中沿迹方向偏差最大, 符合动力学定轨的特征。可以看出, GPS 卫星预报轨道沿径向、迹向、法向的位置偏差 RMS 分别为 1.2cm, 2.9cm, 2.4cm, 1D 位置偏差 RMS 为 4.0cm; GLONASS 预报轨道沿径向、迹向、法向的位置偏差 RMS 分别为 2.9cm, 6.1cm, 4.6cm, 1D 位置偏差 RMS 为 8.2cm。在联合定轨中 GLONASS 预报轨道的精度明显低于 GPS 预报轨道精度, 这是因为 GLONASS 的定轨精度比 GPS 定轨精度稍差, 而轨道预报会用到之前的卫星定轨所产生的动力学信息。

5.5 数据质量评估

5.5.1 GNSS 数据质量评估指标

GNSS 数据质量分析是评价 GNSS 性能、GNSS 数据预处理和定位定轨的重要环节，数据质量的优劣将直接影响 GNSS 数据分析结果，从而影响最终的导航与定位结果。通常来说，GNSS 观测数据质量可通过数据利用率、周跳比、多路径和信噪比等指标进行描述。常用的数据质量检测分析工具，包括 UN-AVCO Facility 研发的 TEQC、德国地学中心 (GFZ) 研发的 gfzrnx 和 GNSS 数据中心 (The GNSS Data Center, GDC) 研发的 BKG Ntrip Client (BNC) 等软件。

1. **精度因子** (Dilution of Precision, DOP)

精度因子表示卫星的几何图形结构对定位精度的影响，是 GNSS 系统可用性的重要衡量指标。DOP 是利用码伪距进行绝对定位 (或单点定位) 时的权系数阵主对角线元素的函数。在实际应用中，根据不同的要求，可采用不同的精度评价模型和相应精度因子。通常有平面位置精度因子 HDOP、高程精度因子 VDOP、空间位置精度因子 PDOP、接收机钟差精度因子 TDOP 和几何精度因子 GDOP，其具体表达见文献 (周忠谟，1992)。

GNSS 绝对定位的误差与精度因子的大小成正比。在实时绝对定位中，精度因子仅与所测卫星的空间分布有关。所以精度因子也称为观测卫星星座的图形强度因子。

2. **数据完整率**

数据完整率也称数据完好率，是指 GNSS 接收机在某个时段观测到的实际历元数与理论历元数的比值。在 GNSS 数据采集过程中，接收机内部因素或外部环境影响等会导致数据中断，使数据记录不连续。该指标可反映接收机的数据获取能力和观测环境情况。

3. **信噪比**

信噪比 (SNR) 是接收机的载波信号强度与噪声强度的比值。主要受卫星发射设备增益、接收机中相关器的状态、卫星与接收机间的几何距离，以及多路径效应等因素的影响，它不仅能反映接收机的性能，也能反映出卫星信号质量。信噪比值越高，信号质量越好，观测精度越高。通常可以从观测文件中直接获取每颗卫星各个历元的信噪比大小。

4. 周跳比

在 GNSS 测量观测中,多普勒计数器的整周计数暂时中断,载波相位观测值出现系统偏差而不足一整周的部分仍然保持正确的现象,称为周跳。周跳比是指在某时间段内 GNSS 接收机观测数据的实际历元数据量与发生周跳历元数据量的比值。该指标在一定程度上反映了载波相位观测值的质量情况,周跳次数越多,周跳比越小,数据质量越差。周跳比的分析计算关键在于周跳的准确探测,而周跳的探测需要排除观测数据中粗差和钟跳历元的影响,因此在进行周跳探测前需要首先对粗差和钟跳进行探测。

对 GNSS 接收机采集的观测数据进行周跳比的评估分析,其主要步骤如下 (郭亮亮, 2017):

(1) 读取观测数据,统计该观测数据的实际历元数据量;

(2) 联合粗差探测方法、钟跳探测方法和周跳探测方法,确定周跳发生的历元并统计发生周跳的历元数据量;

(3) 根据周跳比的定义计算评估值。

5. 多路径误差

卫星信号在传播过程中受观测环境的影响会产生多路径误差,伪距的多路径误差最大可达 0.5 个码元宽度,而载波相位观测值的多路径误差一般不超过 1/4 波长,因此主要考虑伪距的多路径影响。通过对伪距观测方程和载波相位观测方程进行组合,消除对流层延迟和电离层延迟,并忽略载波相位多路径大小,可求得伪距多路径误差。具体表达为

$$\begin{cases} \mathrm{MP}_1 = P_1 - \dfrac{f_1^2 + f_2^2}{f_1^2 - f_2^2}\lambda_1\phi_1 + \dfrac{2f_2^2}{f_1^2 - f_2^2}\lambda_2\phi_2 - B_{P_1} \\ \mathrm{MP}_2 = P_2 - \dfrac{2f_1^2}{f_1^2 - f_2^2}\lambda_1\phi_1 + \dfrac{f_1^2 + f_2^2}{f_1^2 - f_2^2}\lambda_2\phi_2 - B_{P_2} \end{cases} \quad (5.5.1)$$

其中,MP_1、MP_2 分别为频率 f_1、f_2 上的伪距多路径误差;P_1、P_2 为伪距观测值;λ_1、λ_2 为波长;ϕ_1、ϕ_2 为相位观测值;B_{P_1}、B_{P_2} 为相位模糊度组合。

在不发生周跳的情况下,B_{P_1}、B_{P_2} 在连续弧段内该组合是常数,可采用移动平均的方法计算伪距的多路径值。移动平均法,即计算出移动窗口内多路径的平均值,用当前历元获得的瞬时多路径减去移动平均值,得到该历元的多路径值,这样可以消除上述公式没有包含的系统误差和平均硬件延迟以及随机噪声,提取到正确的多路径值。获得每颗卫星的多路径序列后,计算出标准差,就可得到最后的多路径结果。

6. 电离层延迟变化率

电离层延迟变化率反映了电离层延迟的变化情况,也反映了电离层中的电子

密度，在利用电离层延迟变化率探测周跳时，当电离层延迟变化率过大或者超过一定阈值时 (TEQC 软件中，该阈值设置为 400cm/min)，可将此历元的载波相位观测值标记为周跳，有利于后续数据处理。

根据式 (5.2.1)，将频率 f_1、f_2 上的相位观测进行组合，忽略模糊度差值、多路径误差等信息，可得电离层延迟 I_1、I_2 为

$$\begin{cases} I_1 = \dfrac{f_2^2}{f_1^2 - f_2^2}(\lambda_1 \phi_1 - \lambda_2 \phi_2 - \Delta N_{12} - \Delta M_{12}) + \varepsilon_1 \\ \quad \approx \dfrac{f_2^2}{f_1^2 - f_2^2}(\lambda_1 \phi_1 - \lambda_2 \phi_2) \\ I_2 = \dfrac{f_1^2}{f_1^2 - f_2^2}(\lambda_1 \phi_1 - \lambda_2 \phi_2 - \Delta N_{12} - \Delta M_{12}) + \varepsilon_2 \\ \quad \approx \dfrac{f_1^2}{f_1^2 - f_2^2}(\lambda_1 \phi_1 - \lambda_2 \phi_2) \end{cases} \quad (5.5.2)$$

则相邻历元间的电离层延迟变化率可表示为

$$\begin{cases} \text{IOD}_1 = \dfrac{I_1^i - I_1^{i-1}}{t_i - t_{i-1}} \\ \text{IOD}_2 = \dfrac{I_2^i - I_2^{i-1}}{t_i - t_{i-1}} \end{cases} \quad (5.5.3)$$

其中，IOD_1 和 IOD_2 分别表示频率 f_1、f_2 上的电离层延迟变化率；t_i 表示第 i 个历元的观测时刻。

本节主要对 DOP 值、多路径误差、信噪比和周跳情况进行了分析与评估。

5.5.2 卫星可见数及 DOP 值分析

选取武汉 JFNG 测站 2016 年 8 月 1 日的卫星观测数据进行分析。分析了 GPS、GLONASS、Galileo 和 BDS 的可见性以及 GDOP 值。图 5.5.1~图 5.5.4 分别反映了 GPS、BDS、GPS 和 BDS 双系统以及四系统的卫星观测值可见数与 GDOP 值的变化情况。可以看出，系统越多，卫星可见数增加越明显，由 GPS 单系统的 7~13 以及 BDS 单系统的 8~14，提升为 GPS、BDS 双系统的 16~26，进而提升到四系统的 22~37。GDOP 值明显减小，由 GPS 单系统的 1~4 及 BDS 单系统的 1~6，减小到 GPS 和 BDS 双系统的 1~2，进一步减小到四系统的 0.8~1.6。

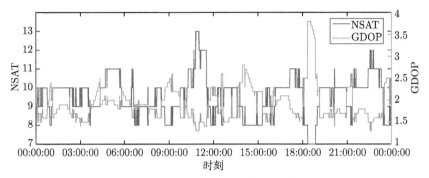

图 5.5.1 GPS 卫星观测值可见性与 GDOP 值随时间的变化 (NSAT 为卫星可见数)
(扫描封底二维码查看彩图)

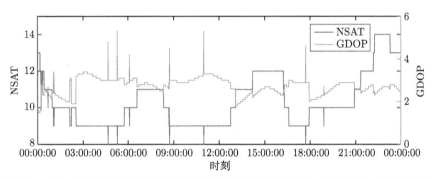

图 5.5.2 BDS 卫星观测值可见性与 GDOP 值随时间的变化 (NSAT 为卫星可见数)
(扫描封底二维码查看彩图)

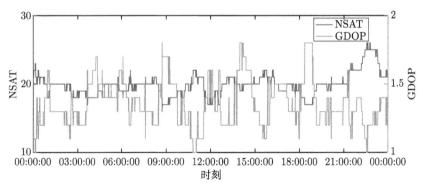

图 5.5.3 GPS 和 BDS 卫星观测值可见性与 GDOP 值随时间的变化 (NSAT 为卫星可见数)
(扫描封底二维码查看彩图)

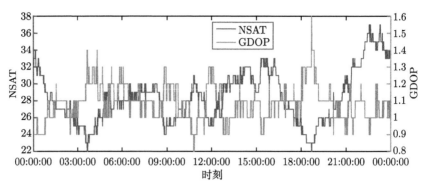

图 5.5.4　四系统卫星观测值可见性与 GDOP 值随时间的变化 (NSAT 为卫星可见数)
(扫描封底二维码查看彩图)

5.5.3　多路径误差分析

选取 JFNG、BRUN、EUSM 三个测站 2016 年 8 月 1 日的卫星观测数据进行分析。分析了四个卫星导航系统 GPS、GLONASS、Galileo、BDS 数据的多路径误差，以及 BDS 的三种不同轨道 MEO、GEO、IGSO 上的卫星观测数据的多路径误差。

图 5.5.5~图 5.5.7 分别反映了 GPS、GLONASS 和 Galileo 系统在 L_1 频点上的多路径误差随高度角和时间的变化情况。可以看出，其多路径误差与高度角密切相关，高度角越小，多路径误差越大；且不同系统的卫星观测值所受到的多路径效应的影响也不相同，存在明显差异。

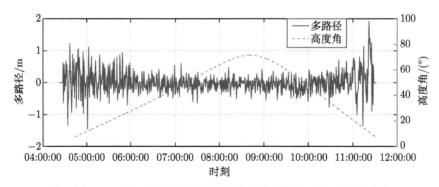

图 5.5.5　GPS G19 卫星观测值多路径误差随时间及高度角的变化

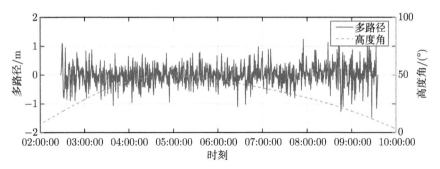

图 5.5.6 GLONASS 系统 R18 卫星观测值多路径误差随时间及高度角的变化

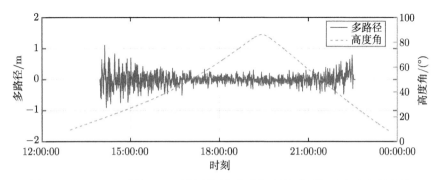

图 5.5.7 Galileo 系统 E19 卫星观测值多路径误差随时间及高度角的变化

图 5.5.8~图 5.5.10 分别反映了三种轨道上的 BDS 卫星在 B1 频点上的多路径误差随时间及高度角的变化情况。对比分析可以看出，位于 MEO 轨道上的 C14 卫星的多路径误差的变化规律与 GPS、GLONASS、Galileo 三系统中的一致。在 IGSO 轨道上的 C09 卫星的多路径效应与高度角同样也呈负相关，但是与其他三系统不同的是其高度角达到峰值以前的变化规律并不是单调递增的，而是出现一段变化较为平稳的时间。BDS 系统 GEO 轨道中的 C05 卫星，由于其高度角较低，变化幅度比较小，其多路径效应比较稳定。

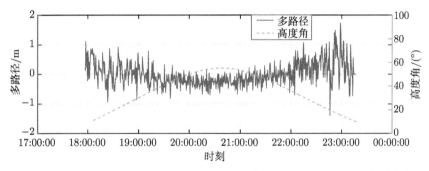

图 5.5.8 MEO 轨道中的 C14 卫星观测值多路径误差随时间及高度角的变化

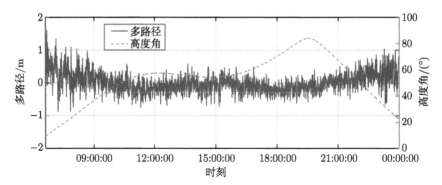

图 5.5.9　IGSO 轨道中的 C09 卫星观测值多路径误差随时间及高度角的变化

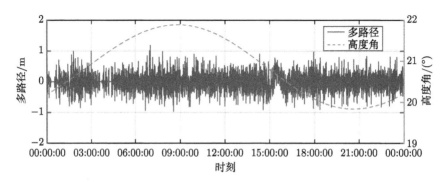

图 5.5.10　GEO 轨道中的 C05 卫星观测值多路径误差随时间及高度角的变化

5.5.4　信噪比分析

选取 JFNG 测站 2016 年 8 月 1 日的观测数据分析全球现有的四大卫星定位导航系统 GPS、GLONASS、Galileo 以及 BDS 卫星观测数据的信噪比，以及 BDS 系统的三种不同卫星轨道 MEO、GEO、IGSO 中的卫星观测数据的信噪比随时间的变化状况。

图 5.5.11 为 GPS 的 G05 卫星在 L_1、L_2 上的信噪比，可以看出 G05 卫星的信噪比在 L_1 上明显要比 L_2 上的强度更高，二者差异较大；但是在 L_2 上的信噪比的变化相较 L_1 上的信噪比变化更为平稳。

图 5.5.12 为 E19 卫星在 L_1、L_2 上的信噪比，可以看出二者的信噪比值大致相同，但是大部分时间在 L_1 上的信噪比略大于 L_2 上的。

图 5.5.13 为 GLONASS 系统的 R18 卫星在 L_1、L_2 上的信噪比，可以看出与 GPS 中的卫星相似，GLONASS 中的卫星在 L_1 和 L_2 上的卫星信号的信噪比的强度也相差较大，L_2 上的信噪比明显小于 L_1 上的。

5.5 数据质量评估

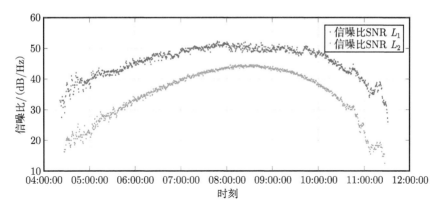

图 5.5.11　G19 卫星观测值信噪比随时间的变化 (扫描封底二维码查看彩图)

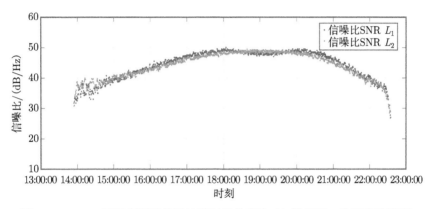

图 5.5.12　E19 卫星观测值信噪比随时间的变化 (扫描封底二维码查看彩图)

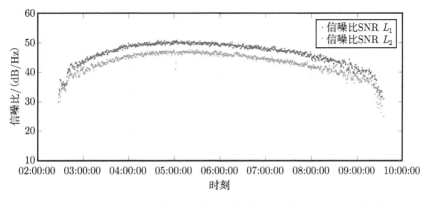

图 5.5.13　R18 卫星观测值信噪比随时间的变化 (扫描封底二维码查看彩图)

图 5.5.14~图 5.5.16 分别为 BDS 系统在 MEO、GEQ、IGSO 轨道上的 C14、C05、

C09 卫星在 B_1、B_2 上的信噪比，对比三个图像可知，MEO 中的 C14 卫星的信噪比变化规律与前三个系统大致相似且其 B_1、B_2 频率上信噪比的差异在三个轨道中最为明显。GEO 轨道中的卫星 C05 的信噪比比较稳定且在 B_1、B_2 频率上大致相同，无明显变化。IGSO 中的 C09 卫星的信噪比在达到峰值之前并不同于前三个系统的单调递增趋势，出现了一段较为平稳的时间。

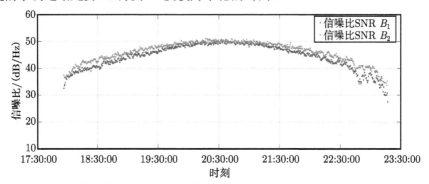

图 5.5.14　MEO 轨道中的 C14 卫星观测值信噪比随时间的变化 (扫描封底二维码查看彩图)

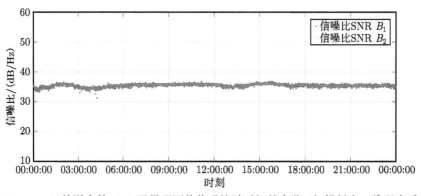

图 5.5.15　GEO 轨道中的 C05 卫星观测值信噪比随时间的变化 (扫描封底二维码查看彩图)

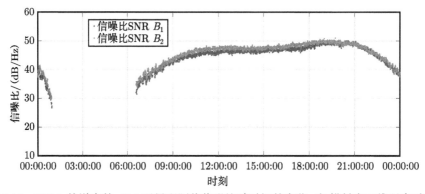

图 5.5.16　IGSO 轨道中的 C09 卫星观测值信噪比随时间的变化 (扫描封底二维码查看彩图)

5.5.5 周跳分析

选取 ANMG、CIBG、BRUN、EUSM 和 KIT3 测站 2016 年 8 月 1 日至 7 日共 7 天的 GPS 观测数据进行周跳分析。结果如图 5.5.17 和表 5.5.1 所示。

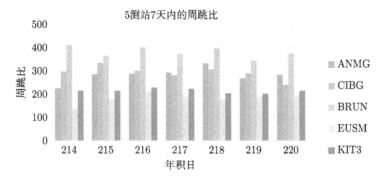

图 5.5.17 2016 年 8 月 1 日至 7 日 5 个测站周跳比 (扫描封底二维码查看彩图)

表 5.5.1 2016 年 8 月 1 日至 7 日 5 个测站的周跳比统计

天数	测站				
	ANMG	CIBG	BRUN	EUSM	KIT3
214	228	299	414	139	218
215	287	336	367	181	217
216	290	303	403	214	230
217	295	284	375	193	225
218	334	309	397	182	206
219	270	292	345	194	204
220	286	243	377	196	217
平均值	284.2857	295.1429	382.5714	185.5714	216.7143

可以看出，不同测站周跳比存在较大差异，这在一定程度上也反映了不同测站的数据质量。对于同一测站，受环境条件、接收机情况及导航卫星状态等影响，周跳比也有所变化。

5.6 定轨精度影响因素分析

5.6.1 太阳光压模型影响

在中高轨道卫星所受的各种摄动力中，太阳光压摄动力是仅次于地球非球形引力和 N 体引力的第三大摄动源。目前，地球非球形引力和 N 体引力模型已经比较完善，但太阳光压摄动力与卫星所受到的照射面积、照射面的反射和吸收特性等因素有关，难以精确模制，已成为影响导航卫星精密定轨与轨道预报精度的主要误差源 (李冉等，2018)。表 5.6.1 列出了导航卫星定轨中常用的太阳光压模型 (计国锋，2018）。

表 5.6.1　导航卫星定轨中常用的太阳光压模型

类型	光压模型	坐标系	模型自变量	描述
分析型	Cannonball	太阳相对卫星方向	无	将整个卫星视为球体，并且仅考虑该球体对太阳入射光的镜面反射
	ROCK4 (S10)	卫星星固系	太阳–卫星–地球的夹角	考虑卫星星体及部件几何形状及光线镜面反射、漫反射和吸收作用，通过太阳–卫星–地球的夹角来反映太阳位置变化对光压力的影响
	ROCK42 (S20)			
	T10、T20、T30	卫星星固系	太阳–卫星–地球的夹角	在 ROCK 4、ROCK 42 基础上考虑了热辐射的影响
	UCL	卫星星固系	太阳–卫星–地球的夹角	详细考虑卫星星体结构和光学属性，考虑光线二次反射和星体部件间遮挡
	Cuboid-BoxWing	DYB 坐标系	太阳–卫星–地球的夹角	根据 Galileo 卫星精密轨道的 SLR 残差、星载氢钟的钟差进行长时间统计分析后得到
经验型	Colombo	RTN 坐标系	卫星相对于升交点赤经角度	卫星受到地球非球形引力摄动影响，会造成轨道精度在 RTN 三个方向存在周期性的波动，采用 RTN 三轴的经验力来吸收
	ECOM	DYB 坐标系	卫星相对于升交点赤经角度	DYB 坐标系能够有效反映太阳光压力，但是 B 轴不具有实际物理意义
	Springer	DYB 坐标系	太阳–卫星–地球的夹角以及卫星相对于正午点角度	在 ECOM 模型基础上，考虑 B 轴光压实际是由光线在 X 轴和 Z 轴变化所产生，因此引入 X 和 Z 轴周期性光压摄动
	ECOM2	DYB 坐标系	卫星的升交点角距与太阳在轨道面内的投影的升交点角距之差	在 ECOM 模型基础上，考虑 GLONASS 等卫星的长方体特性，在 D 方向上增加 4 个周期项光压参数用于吸收未被模型化的光压摄动误差
半经验半解析型	GSPM II.97	DYB 坐标系	太阳–卫星–地球的夹角	该模型由半年数据拟合而得，模型参数较少，但精度相对较低；对于蚀卫星利用与 T20 相同的分析型方法建立适应于实际姿态的光压模型
	GSPM II.04	卫星星固系	太阳–卫星–地球的夹角	扩展 GSPM II.97 的函数展开，并使用四年半数据进行拟合，并针对 GPS BLOCK IIR 卫星建立的相应模型
	GSPM II.04e	卫星星固系	太阳–卫星–地球的夹角	在 GSPM II.04 的基础上建立了蚀卫星的分析型模型
	Adjustable-Box Wing	卫星星固系	太阳光入射方向与三轴的夹角	具有实际物理意义，定轨精度与经验型模型相当，但与卫星姿态耦合，受地影期影响

5.6 定轨精度影响因素分析

卫星帆板及本体受照情况变化复杂,导致卫星光压摄动力的变化难以准确模制,是卫星定轨及预报精度降低的主要原因。在难以获得准确的卫星物理模型时,对太阳光压建立经验模型是提升精度的主要手段。目前,常用的导航卫星光压经验模型包括 ECOM5 参数模型、ECOM9 参数模型和 T20 模型。本节以 BDS 为例,分析这三种光压模型对卫星定轨精度的影响。

利用中国区域监测网的 6 个测站 (测站分布在北京、海南、四川、黑龙江、广东、新疆) 的北斗观测数据,进行北斗导航卫星定轨。定轨数据采用非差 B1/B3 无电离层组合相位、伪距观测值,采样间隔为 60s,定轨弧段为三天。解算的参数包括卫星初始位置、卫星与监测站钟差、监测站大气天顶延迟、动力学参数及模糊度参数。国际 GNSS 服务组织通过分布在全球的多模 GNSS 监测网络促进多模 GNSS 试验 (Multi-GNSS EXperiment,MGEX) 的开展,并持续向用户提供高精度的多模 GNSS 卫星轨道、钟差、地球定向参数等产品,使用 GFZ 提供的北斗卫星精密轨道进行比较。由于 MGEX 轨道产品中 GEO 卫星定轨精度较差,仅 GEO 卫星切向误差就达到米级,因此,主要利用 MGEX 轨道产品评价不同光压模型区域网定轨解算的 IGSO/MEO 卫星轨道精度。

选取 2015 年 340~363 天的数据,以三天定轨弧段的中间一天与 MGEX 轨道互差,统计轨道在径向、切向、法向的误差,以此比较 IGSO/MEO 卫星使用的三种光压模型定轨精度。具体结果如图 5.6.1 和图 5.6.2 所示。

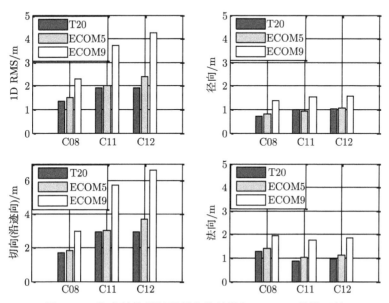

图 5.6.1　姿态转换期间卫星定轨结果与 MGEX 轨道互差

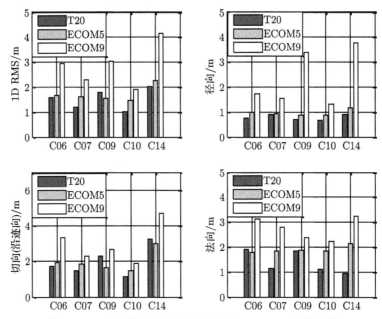

图 5.6.2 动偏状态下卫星定轨结果与 MGEX 轨道互差

C08、C11、C12 三颗卫星在此期间进行姿态控制模式转换,分别经历动偏转零偏,零偏,零偏转动偏三个过程;C06、C07、C09、C10、C14 这 5 颗卫星在此期间处于动偏状态。可以看出,在姿态控制模式转换期间,T20 模型定轨效果最好,三颗卫星的平均 1D RMS 为 1.72m,相比于 ECOM5 参数模型提升 0.24m,比 ECOM9 参数模型降低 1.71m。在动偏状态下 T20 模型效果最好,五颗卫星的平均 1D RMS 为 1.53m,相比于 ECOM5 参数模型提升 0.18m,相比于 ECOM9 参数模型降低 1.34m。可见,对于 IGSO/MEO 卫星,无论在姿态转换期间还是动偏状态下,T20 模型和 ECOM5 参数模型在姿态转换期间总体稳定,但 ECOM9 参数模型在定轨结果上有较大起伏,因此不推荐使用 ECOM9 参数模型对北斗 IGSO/MEO 卫星进行定轨。

5.6.2 天线相位中心改正模型影响

GNSS 观测实际测定的是卫星信号发射天线到接收机信号接收天线间的距离,而在导航卫星定轨中要确定的是导航卫星的质心位置。卫星发射天线相位中心改正对精密轨道确定中参数的解算具有系统性影响,所以精确确定导航卫星天线相位中心改正是导航卫星系统高精度定轨的关键。

本节以 GPS 卫星定轨为例,在全球范围内选择分布均匀的 60 个 IGS 基准站,采用 2011 年年积日 101~110 共 10 天的观测数据 (定轨弧长为 1 天),分析卫星天线相位偏差及其变化对卫星定轨的影响。

5.6 定轨精度影响因素分析

1. 卫星天线相位中心偏差 PCO 对卫星轨道精度的影响分析

为了检验卫星天线相位中心偏差 PCO 对定轨精度的影响,定轨方案及整体定轨精度如下:

(1) 采用 IGS 官方提供的 PCV 和 PCO 值作为标准值解算 GPS 卫星轨道,并将该结果作为标准轨道,定轨结果用 "good" 表示,所得每颗卫星的轨道精度用黑色线表示,整体定轨精度为 0.04838m;

(2) 在 PCO 和 PCV 标准值基础上,以 BLOCK IIA 的 PRN4 卫星为对象,对其 PCO 在 N、E、U 三个方向分别加上 50cm 的误差,定轨结果用 "one+50cm" 表示,所得每颗卫星的轨道精度用绿色线表示,整体定轨精度为 0.04954m;

(3) 在 PCO 和 PCV 标准值基础上,以 BLOCK IIA 的 PRN4 卫星为对象,对其 PCO 在 U 方向加上 50cm 的误差,定轨结果用 "one+z50" 表示,所得每颗卫星的轨道精度用蓝色线表示,整体定轨精度为 0.04865m;

(4) 在 PCO 标准值基础上,以 BLOCK IIA 的 PRN4 卫星为对象,对其 PCO 在 U 方向加上 50cm 的误差且不考虑 PCV,定轨结果用 "one+nopcv+z50" 表示,所得每颗卫星的轨道精度用洋红色线表示,整体定轨精度为 0.04881m;

(5) 在 PCO 和 PCV 标准值基础上,以 BLOCK IIA 的 PRN4 卫星为对象,对其 PCO 在 U 方向加上 50cm 的误差,且对天线相位中心变化 PCV 在各方向都加上 2mm,定轨结果用 "one+2mm+z50" 表示,所得每颗卫星的轨道精度用红色线表示,整体定轨精度为 0.04840m。

GPS 卫星在径向、切向、法向以及 3D 位置精度如图 5.6.3 所示。横坐标为卫星编号,纵坐标为与标准轨道的比较结果 (用 RMS 表示)。

结果表明,无论在径向、切向、法向还是位置精度上,被改变的 BLOCK IIA 的 PRN4 卫星受参数变化的影响比较大,其精度降低近 3cm,其次是 PRN2 卫星受 PRN4 卫星参数改变的影响也比较大,精度降低近 1cm,而对其他 PRN 的卫星影响相对较小。具体来看,方案 (2)、(3) 相比,方案 (2) 的精度更接近标准精度,而方案 (3) 的精度在某种程度上却比标准精度更高,也就是说,如果同时修改 PCO 在 N、E、U 方向上的值,则其精度与标准精度相当,而若只修改 PCO 的 U 方向值,则其精度相比于标准精度会更高。在方案 (3)、(4) 中,同时对 PRN4 的 PCO 在 U 方向加上 50cm 的误差,这里一种情况 PCV 为 IGS 的标准值,另一种情况是不考虑 PCV,两个结果相比没有大的区别,即在 PCO 改变的情况下,PCV 的值占其次地位;而与方案 (4)、(5) 相比,方案 (5) 的精度更高些,说明在其他条件相同的情况下,考虑 PCV 的值结果会更好些。

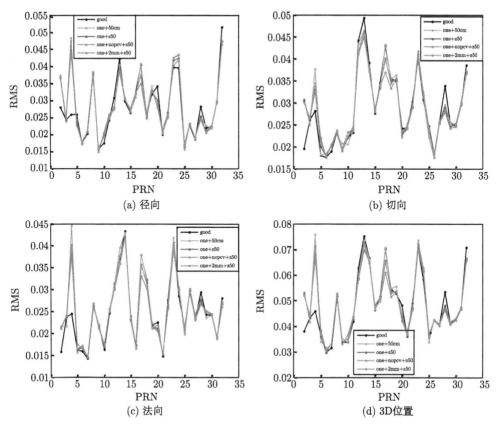

图 5.6.3 PCO 对 GPS 卫星定轨精度的影响 (扫描封底二维码查看彩图)

2. 卫星天线相位中心变化 PCV 对卫星轨道精度的影响

为了检验卫星天线相位中心变化 PCV 对定轨精度的影响，定轨方案及整体定轨精度如下：

(1) 由 IGS 官方所给的标准 PCV 和 PCO 来解算，此时定轨结果用 "good" 表示，其所得每颗卫星的定轨精度用黑色线表示，整体定轨精度为 0.04838m；

(2) 在标准 PCO 和 PCV 的基础上，以所有 BLOCK IIA 卫星为对象，对其天线相位中心变化 PCV 在所有方向上分别加上 2mm 的误差来解算，用 pcv+2mm 表示，其所得每颗卫星的定轨精度用蓝色线表示，整体精度为 0.4838m；

(3) 在标准 PCO 和 PCV 的基础上，以 BLOCK IIA 的 PRN4 卫星为对象，对其天线的相位中心变化 PCV 在所有方向上加上 2mm 的误差来解算，用 one+2mm 表示，其所得每颗卫星的定轨精度结果用青色线表示，其整体精度为 0.4846m；

(4) 在标准 PCO 的基础上，以 BLOCK IIA 的 PRN4 卫星为对象，不考虑该卫星的天线相位中心变化 PCV，即设置 PRN4 卫星天线相位中心变化 PCV 在各

5.6 定轨精度影响因素分析

个角度的值均为 0 来解算, 用 one+nopcv 表示, 其所得每颗卫星的定轨精度结果用绿色线表示, 整体精度为 0.04827m;

(5) 在标准 PCO 的基础上, 以 BLOCK IIA 的 PRN4 卫星为对象, 不考虑其天线相位中心变化 PCV, 对其天线相位中心偏差 PCO 在 U 方向加上 50cm 的误差, 用 one+nopcv+z50 来表示, 其所得每颗卫星的定轨精度结果用洋红色线表示, 其整体精度为 0.04881m;

(6) 在标准 PCO 和 PCV 的基础上, 以 BLOCK IIA 的 PRN4 卫星为对象, 对其天线相位中心偏差 PCO 在 U 方向加上 50cm 的误差, 且其天线的相位中心变化在各方向都加上 2mm 来解算, 用 one+2mm+z50 表示, 所得每颗卫星的定轨精度结果用红色线表示, 其整体精度为 0.04840m。

GPS 卫星在径向、切向、法向以及 3D 位置精度如图 5.6.4 所示。横坐标为卫星编号, 纵坐标为与标准轨道的比较结果 (用 RMS 表示)。

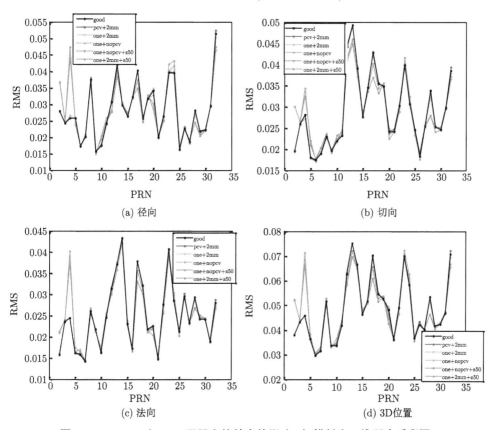

图 5.6.4 PCV 对 GPS 卫星定轨精度的影响 (扫描封底二维码查看彩图)

结果表明，无论在径向、切向、法向或整体定轨精度上，当所有 BLOCK IIA 卫星的 PCV 被改变时，BLOCK IIA 卫星的精度有些许下降；若只以 BLOCK IIA PRN4 卫星为对象，改变其天线的 PCV，如方案 (3)、(4)，发现不考虑 PCV 比 PCV 加上 2mm 的情况精度更高些，甚至比标准情况下的精度还要高；同时改变 PRN4 卫星天线的 PCV 和 PCO，如方案 (5)、(6)，则 PRN4 受参数设置的影响比较大，精度降低了 2cm 左右，对其他卫星也造成了一定的影响，这种变化甚至大大提高了某些卫星的轨道精度。与方案 (3) 和 (4) 不同的是，在修改了相位中心偏差之后，定轨精度变化很大，这说明 PCO 的影响占主导地位。另外从图中可以看出，对于某些情况下的某些卫星，卫星天线相位中心变化 PCV 的值被修改后反而比标准情况下的定轨精度更高。在高精度的定轨应用中，有必要对卫星天线的相位中心变化 PCV 做进一步的研究。

5.7 GNSS 卫星定轨实例

5.7.1 单系统定轨

对 GPS、GLONASS、BDS 和 Galileo 分别进行单系统卫星定轨试验，选取全球范围内的 IGS/MGEX 跟踪站观测数据作为原始观测数据，各系统定轨利用的测站数分别为 113、107、39 和 84，测站分布如图 5.7.1~图 5.7.4 所示。利用 2019 年年积日 066~072 共 7 天的观测数据，定轨弧长均为 1 天。

为了验证每个系统卫星轨道的解算精度，以 GFZ 提供的事后精密轨道作为参考轨道，统计各系统卫星的定轨结果。结果如图 5.7.5~图 5.7.8 及表 5.7.1 所示。

为了分析单系统定轨情况下各系统的定轨精度，对各系统轨道偏差的 RMS 值进行统计，结果如表 5.7.1 所示。

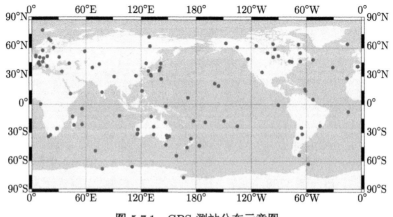

图 5.7.1 GPS 测站分布示意图

5.7 GNSS 卫星定轨实例

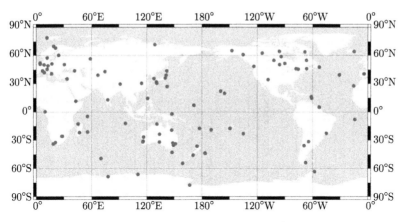

图 5.7.2 GLONASS 测站分布示意图

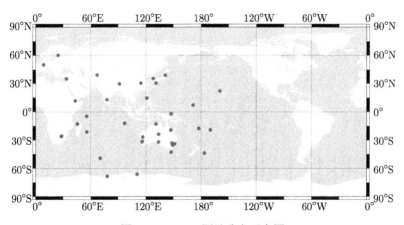

图 5.7.3 BDS 测站分布示意图

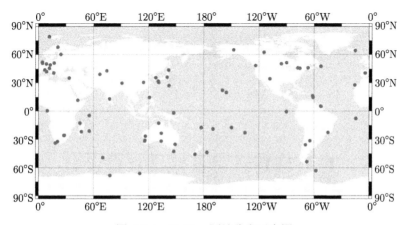

图 5.7.4 Galileo 测站分布示意图

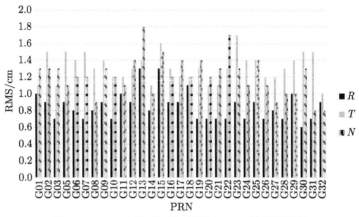

图 5.7.5　GPS 卫星定轨结果与 GFZ 轨道的比较

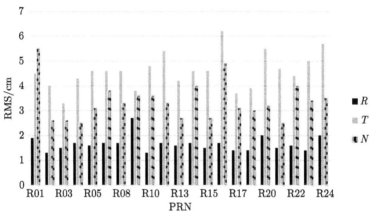

图 5.7.6　GLONASS 卫星定轨结果与 GFZ 轨道的比较

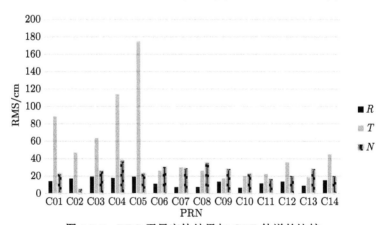

图 5.7.7　BDS 卫星定轨结果与 GFZ 轨道的比较

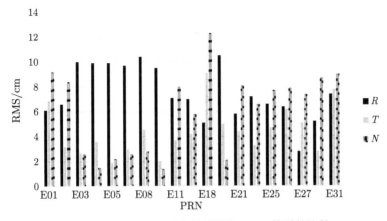

图 5.7.8 Galileo 卫星定轨结果与 GFZ 轨道的比较

表 5.7.1 单系统定轨精度统计

系统	卫星	R 方向/cm	T 方向/cm	N 方向/cm	3D/cm
GPS		0.8	1.3	1.2	1.9
GLONASS		1.6	4.6	3.4	5.9
BDS	GEO	17.4	107.2	25.1	111.4
	IGSO	9.3	23.4	29.0	38.4
	MEO	13.4	35.5	18.9	42.3
Galileo		7.8	4.8	6.8	11.4

可以看出, GPS、GLONASS 和 Galileo 的定轨结果与 GFZ 提供的事后精密轨道信息在各个方向表现出较好的一致性, 其中 GPS 的定轨精度最高, 位置精度为 1.9cm。BDS 采用不同轨道类型的卫星组成的混合星座, 不同类型的卫星定轨精度差异显著, 主要有以下几个原因:

(1) 全球测站数量少且分布不均匀;

(2) GEO 卫星具有静地性, 观测几何构型差;

(3) BDS 卫星端 PCO/PCV 模型不完善;

(4) BDS 相关的力学模型不完善 (太阳光压摄动力学模型等)。

5.7.2 多系统联合定轨

相较于单一的导航系统卫星定轨, 多系统联合的卫星定轨可显著改善观测的冗余度, 提供定轨的可靠性、精度及可用性。尤其 BDS 目前正处于全球组网建设中, 利用多系统观测信息, 可以提高 BDS 的轨道解算精度。

利用 2019 年年积日 066∼072 共 7 天、全球 113 个站的观测数据, 对 GPS、GLONASS、BDS 和 Galileo 四系统进行联合定轨 (定轨弧长为 1 天,), 仍以 GFZ 提供的事后精密轨道作为参考,计算联合定轨各系统的轨道偏差,其结果如图 5.7.9~图 5.7.12 所示。

为了分析多系统联合定轨情况下各系统的定轨精度,对各系统轨道偏差的 RMS 值进行统计,结果如表 5.7.2 所示。

从表 5.7.2 可以看出,与单系统定轨精度相比,多系统联合定轨中,各系统的定轨精度与单系统保持一致的情况下略有提升,尤其 BDS 较单系统整体精度提高了几个厘米,在未来完成全球组网的情况下,精度会进一步得到提高。

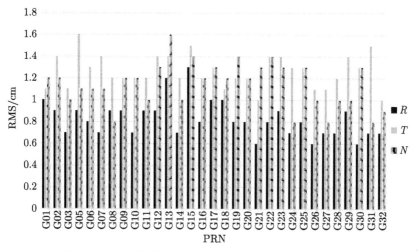

图 5.7.9 多系统联合定轨 GPS 轨道与 GFZ 轨道的比较

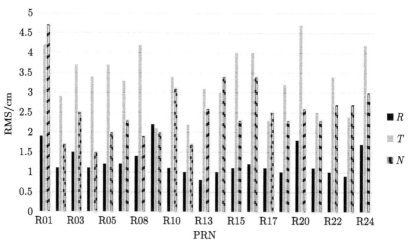

图 5.7.10 多系统联合定轨 GLONASS 轨道与 GFZ 轨道的比较

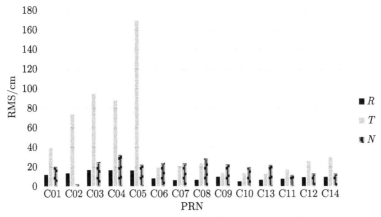

图 5.7.11 多系统联合定轨 BDS 轨道与 GFZ 轨道的比较

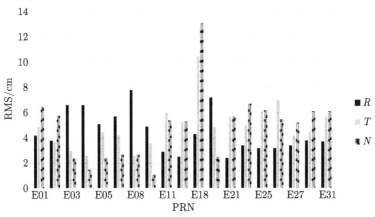

图 5.7.12 多系统联合定轨 Galileo 轨道与 GFZ 轨道的比较

表 5.7.2 多系统联合定轨精度

系统	卫星	R 方向/cm	T 方向/cm	N 方向/cm	3D/cm
GPS		0.8	1.2	1.5	2.1
GLONASS		1.3	3.4	2.6	4.4
BDS	GEO	15.2	102.6	23.0	106.2
	IGSO	9.1	25.1	13.1	29.7
	MEO	7.4	18.1	23.9	30.9
Galileo		4.7	5.2	5.5	8.9

参 考 文 献

戴小蕾,施闯,楼益栋. 2016. 多 GNSS 融合精密轨道确定与精度分析 [J]. 测绘通报, (2): 12-16

郭亮亮. 2017. GNSS 数据质量评估软件研制与应用 [D]. 郑州：解放军信息工程大学

黄观文. 2012. GNSS 星载原子钟质量评价及精密钟差算法研究 [D]. 西安：长安大学

计国锋. 2018. 北斗导航卫星精密定轨及低轨增强体制研究 [D]. 西安：长安大学

李敏. 2011. 多模 GNSS 融合精密定轨理论及其应用研究 [D]. 武汉：武汉大学

李冉. 2015. 北斗卫星精密轨道确定及预报方法研究 [D]. 青岛：山东科技大学

李冉, 胡小工, 唐成盼, 等. 2018. 北斗卫星导航系统混合星座的光压摄动建模和精度分析 [J]. 武汉大学学报 (信息科学版), 43(7): 1063-1070

李征航, 黄劲松. 2005. GPS 测量与数据处理 [M]. 武汉：武汉大学出版社

刘伟平, 郝金明. 2016. 国外卫星导航系统精密定轨技术的研究现状及发展趋势 [J]. 测绘通报, (3): 1-6

任锴. 2015. 导航卫星精密定轨理论与方法研究 [D]. 郑州：解放军信息工程大学地理空间信息学院

吴丹. 2015. GNSS 观测数据预处理及质量评估 [D]. 西安：长安大学

叶世榕. 2002. GPS 非差相位精密单点定位理论与实现 [D]. 武汉：武汉大学

张睿. 2016. BDS 精密定轨关键技术研究 [D]. 西安：长安大学

周善石, 胡小工, 吴斌. 2010. 区域监测网精密定轨与轨道预报精度分析 [J]. 中国科学：物理学力学天文学, 40: 800-808

周善石. 2011. 基于区域监测网的卫星导航系统精密定轨方法研究 [D]. 中国科学院上海天文台

周忠谟, 易杰军. 1992. GPS 卫星原理与应用 [M]. 北京：测绘出版社

Blewitt G. 1990. An automatic editing algorithm for GPS data[J]. Geophys Res. Lett., 17: 199-202

Boehm J, Niell A, Tregoning P, et al. 2006. Global mapping function (GMF): a new empirical mapping function based on numerical weather model data [J]. Geophysical Research Letters, 33: L07304

Chao C. 1971. New tropospheric range corrections with seasonal adjustment [R]. The Deep Space Network Progress Report for September and October

Davis J, Herring T, Shapiro I, et al. 1985. Geodesy by radio interferometry: effects ofatmospheric modeling errors on estimates of baseline length [J]. Radio Science, 20(6): 1593-1607

Dilssner F, Springer T, Schoenemann E, et al. 2014. Estimation of satellite antenna phase center corrections for BeiDou [R]. Proceedings of IGS Network, Data and Analysis Center Workshop, Pasadena, California, USA. June 23

Guo J, Xu X, Zhao Q, et al. 2016. Precise orbit determination for quad-constellation satellites at Wuhan University: strategy, result validation, and comparison [J]. Journal of Geodesy, 90(2): 143-159

Herring T A. 1992. Modeling atmospheric delays in the analysis of space geodetic data[J]. Publications on Geodesy Proceedings of Refraction of Transatmospheric Signals in

Geodesy, 36: 157-164

Hopfield H S. 1971. Tropospheric effect on electromagnetically measured range: prediction from surface weather data [J]. Radio Science, 6(3): 357-367

Lanyi G E. 1984. Tropospheric delay effects in radio interferometry[J]. Jpl. Tda. Prog. Rep., 15: 152-159

Leandro R, Santos M, Langley R B, et al. 2006. UNB neutral atmosphere models: development and performance [C]. ION NTM

Marini J W. 1972. Correction of satellite tracking data for an arbitrary tropospheric profile[J]. Radio Science, 7(2): 223-231

Niell A E. 1996. Global mapping functions for the atmosphere delay at radio wavelengths[J].Journal of Geophysical Research, 101(B1): 3227-3246

Rolf D, Ure H, Pierre F, et al. 2007. Bernese GPS Software Version 5.0

Saastamoinen J. 1972. Atmospheric correction for the troposphere and stratosphere in radio ranging satellites[J]. Geophysical Monograph Series, 15(6): 247-251

Wu J, Wu S, Hajj G A, et al. 1993. Effects of antenna orientation on GPS carrier phase[J]. Manuscripta Geodaetica, 18(2): 91-98

第6章 星载 GNSS 技术卫星定轨

6.1 概　　述

星载 GNSS 定轨技术是利用卫星上搭载的 GNSS 接收机采集的 GNSS 观测数据，实时或事后确定卫星轨道的一种技术，具有观测连续、受天气影响少、数据全弧段覆盖以及定轨精度高、稳定等特点。依据不同的分类标准，星载 GPS 低轨卫星定轨方法可作如下划分。

(1) 根据获取定轨结果的时间，星载 GNSS 定轨方法可分为实时定轨和非实时定轨两种。

实时定轨是指根据星载 GNSS 接收机观测到的数据，实时地解算出观测历元时刻低轨卫星的三维位置。该法一般是基于伪距的绝对单点定位，其优点是可以实时获得定轨结果，无须存储观测数据，因而相对简单；缺点是精度较低，且地面与低轨卫星的实时数据通信较困难。

非实时定轨又称事后精密定轨，是对星载 GNSS 接收机接收到的数据进行事后处理以获得低轨卫星的精密轨道的定轨方法。其突出优点是可以对观测数据进行详细的分析和处理，易于发现和剔除数据中的粗差，可以采用精密星历，并可以和其他定轨方法相结合，因而定轨精度较高。

(2) 根据是否考虑低轨卫星所受的摄动力影响及其与摄动力学模型的关系，星载 GNSS 低轨卫星定轨方法可分为几何法、动力学法和简化动力学法三种。

① 几何法。几何法是指不依赖于任何力学模型、完全由星载 GNSS 跟踪数据和地面跟踪网获得的跟踪数据对低轨卫星定轨的方法。几何法得到的轨道是一组离散的点位，连续的轨道必须通过拟合方法给出。几何法定轨的最大特点是不受低轨卫星动力学模型误差的影响，特别对低轨卫星来说，不受大气阻力模型误差的影响，因此，定轨结果较稳定，并不像动力学定轨的结果那样随低轨卫星的高度降低而急剧下降。影响几何法定轨精度的主要因素是伪距观测值的精度、观测的卫星几何图形结构和 GNSS 卫星信号的连续性、稳定性。由于几何法不涉及运动的动力学性质，所以它不能确保轨道外推的精度。

② 动力学法。动力学法就是传统意义上的定轨方法，可以利用星载 GNSS 的位置观测、伪距观测和相位观测以及对应的观测模型，给出一种有别于其他观测手段所提供的测量方程，来进行精密定轨。动力学定轨采用扩展弧段的观测数据来估计某一历元的卫星位置和速度，通过对卫星运动方程进行积分，使不同时间的观

测值与某一历元的卫星状态参数相联系。这要求作用于卫星的力学模型必须十分精确，否则任何力学模型误差都将代入历元状态参数估值中。一般来说，测量离解算历元越远，力学模型的误差影响越大，于是积分弧段越长，力学模型误差的影响越大。

③ 简化动力学法。简化动力学法区别于几何法、动力学法的一点就是它首先利用力学模型和伪距确定一个先验轨道，然后将此轨道引入基于相位观测值的动力学定轨中，添加随机脉冲参数，调节几何轨道和动力学轨道的权重，随机脉冲吸收未被模型化的误差，以此达到轨道最优解 (赵春梅等, 2011)，精度也往往比另外两种方法更高。

(3) 根据相应的 GNSS 定位模式，星载 GNSS 定轨方法又可分为非差法、双差法和三差法。

非差法是指只利用星载 GNSS 卫星上的观测信息，与地面站无关，不需要和地面形成共视弧段，定轨模型简单，可以实现卫星的自主导航。但需利用地面 IGS 网的数据首先估计大量的 GNSS 卫星钟差参数 (或直接利用 IGS 提供的钟差改正)，这就意味着 GNSS 钟差误差将不可避免地传播到低轨卫星的轨道确定中。

双差法定轨是在低轨卫星和地面测站间形成双差观测值，能够消去所有的 GNSS 卫星钟差参数和低轨卫星钟差参数，有效地减弱卫星轨道误差、钟差、大气折射误差等一些系统性误差的影响。其最重要的优点是能够将模糊度固定为整数，从而有可能改进定轨精度。但该方法依赖于地面站的观测资料，不能充分利用观测值，不能实现卫星的自主定轨。

三差法是对双差观测值进行历元间求差，消去了整周模糊度，从而可以建立有效的处理算法。该法的缺点是增大了观测噪声，并且需要有效的算法来处理历元间存在的相关性。

6.2 星载 GNSS 观测模型

无论地面 GNSS 接收机还是星载 GNSS 接收机，基本观测量都包括伪距、相位及多普勒频率变化。不过 GNSS 观测值类型与 GNSS 接收机的类型有关，因为不是所有接收机都支持这三种类型的观测量。单频 GNSS 接收机只能提供 C/A 码和 L_1 载波相位观测量；对于双频 GNSS 接收机，一般可以同时提供 C/A 码，P_1、P_2 码伪距，以及 L_1、L_2 载波相位观测量。对于精密定轨，常用的是伪距和相位观测量。

目前，低轨卫星搭载的接收机一般为双频 GNSS 接收机，甚至是双模接收机，例如，我国 FY-3C 搭载的 GNOS 接收设备既可以接收 GPS 数据，也可以接收 BDS 数据 (Li et al., 2017)。星载 GNSS 接收机观测到的数据类型包括粗码 C/A、精码

P_1 和 P_2、载波相位 L_1 和 L_2 观测值,而 BDS 数据采用 B_1 和 B_2 表示两种频率的载波相位观测值。

6.2.1 观测方程

LEO 卫星相对于 S 卫星 (GNSS 卫星) 在频率 i 上的伪距观测方程为

$$P_{\text{LEO},i}^{\text{s}} = \rho_{\text{LEO}}^{\text{s}} + c\delta t_{\text{LEO}} - c\delta t^{\text{s}} + \delta\rho_{\text{ion},i} + \delta\rho_{\text{rel}} + \delta\rho_{\text{pco}} + \delta\rho_{\text{pco}}^{\text{s}} + M_{P_i} + \varepsilon_i \quad (6.2.1)$$

式中,$P_{\text{LEO},i}^{\text{s}}$ 为 LEO 卫星伪距观测值;$\rho_{\text{LEO}}^{\text{s}}$ 为 LEO 卫星至 S 卫星的几何距离;c 为真空中的光速;δt_{LEO} 为低轨卫星钟差;δt^{s} 为 GNSS 卫星钟差;$\delta\rho_{\text{ion},i}$ 为电离层延迟;$\delta\rho_{\text{rel}}$ 为相对论改正;$\delta\rho_{\text{pco}}$ 为低轨卫星相位中心偏差;$\delta\rho_{\text{pco}}^{\text{s}}$ 为 GNSS 卫星天线相位中心偏差;M_{P_i} 为多路径效应;ε_i 为观测噪声。

由于中性大气层高度为 80km 以下,而低轨卫星高度在 200km 以上,所以星载 GNSS 接收机不受中性大气层延迟的影响,式 (6.2.1) 右端不包含对流层延迟误差。

与伪距观测量不同的是,相位观测量中还含有模糊度,其观测方程为

$$\lambda_i \phi_{\text{LEO}}^{\text{s}} = \rho_{\text{LEO}}^{\text{s}} + c\delta t_{\text{LEO}} - c\delta t^{\text{s}} + \delta\rho_{\text{ion},i} + \delta\rho_{\text{rel}} + \delta\rho_{\text{pco}} + \delta\rho_{\text{pco}}^{\text{s}} - \lambda N + M_{L_i} + \varepsilon_i \quad (6.2.2)$$

式中,$\phi_{\text{LEO}}^{\text{s}}$ 为相位观测量;λ 为波长;N 为相位模糊度;M_{L_i} 为多路径效应;其余同式 (6.2.1)。

6.2.2 几种常用的线性组合

在星载 GNSS 数据定轨中常用到以下几种线性组合。

1. 消电离层组合观测值 (Ionosphere-Free Linear Combination)

对双频 GNSS 接收机,可以通过双频消电离层组合来消除一阶电离层影响。

$$P_3 = \frac{f_1^2}{f_1^2 - f_2^2} P_{\text{LEO},1}^{\text{s}} - \frac{f_2^2}{f_1^2 - f_2^2} P_{\text{LEO},2}^{\text{s}} \quad (6.2.3)$$

$$L_3 = \frac{f_1^2}{f_1^2 - f_2^2} L_{\text{LEO},1}^{\text{s}} - \frac{f_2^2}{f_1^2 - f_2^2} L_{\text{LEO},2}^{\text{s}} \quad (6.2.4)$$

式中,P_3、L_3 为消电离层组合观测值;f_1、f_2 分别为两个载波频率;$P_{\text{LEO},1}^{\text{s}}$、$P_{\text{LEO},2}^{\text{s}}$ 为两个频率的伪距观测值;$L_{\text{LEO},1}^{\text{s}}$、$L_{\text{LEO},2}^{\text{s}}$ 为两个频率的相位观测值。

用消电离层组合可以消除电离层一阶项的影响,但是模糊度不再是整数。因其能够显著地改善定轨精度,因此是星载 GNSS 低轨卫星定轨中的基本观测量。

6.2 星载 GNSS 观测模型

2. 与几何距离无关的线性组合 (Geometry-Free Linear Combination)

$$L_4 = L_{\text{LEO},1}^s - L_{\text{LEO},2}^s \tag{6.2.5}$$

与几何距离无关的线性组合，也称为相位的电离层残差组合。其与卫星到接收机天线的距离无关，消除了轨道误差、接收机钟差和卫星钟差的影响，仅包含电离层和双频模糊度实数组合。因此，在星载 GNSS 定轨中常被用来进行电离层研究、数据编辑和周跳探测等。

3. 相位的宽巷组合 (Wide-Line Linear Combination)

$$L_5 = \frac{1}{f_1 - f_2} \left(f_1 L_{\text{LEO},1}^s - f_2 L_{\text{LEO},2}^s \right) \tag{6.2.6}$$

宽巷组合观测值具有较长的波长，而观测噪声较小，在一定程度上削弱了电离层延迟的影响。该组合观测值可以应用于周跳探测与修复以及初始模糊度确定等方面。

4. MW(Melboune-Wubben) 组合

$$L_6 = \frac{1}{f_1 - f_2} \left(f_1 L_{\text{LEO},1}^s - f_2 L_{\text{LEO},2}^s \right) - \frac{1}{f_1 + f_2} \left(f_1 P_{\text{LEO},1}^s + f_2 P_{\text{LEO},2}^s \right) \tag{6.2.7}$$

该组合观测值可以消除卫星轨道误差、卫星钟差、接收机钟差、对流层延迟、电离层延迟等，仅受到多路径和观测误差影响，可应用于周跳探测与修复。

6.2.3 主要误差源与改正模型

星载 GNSS 定轨中的误差源大致可分为三类：一类与 GNSS 卫星有关，如导航星历、钟差、天线相位中心改正等；一类与信号传播有关，如电离层延迟、多路径效应、相对论效应等；最后一类与低轨卫星有关，如接收机天线相位中心误差、多路径效应、测量噪声等。有些误差可以通过建立数学模型改正，有些可以削弱，下面对定轨中一些重要的误差源改正方法进行简述。

1. 卫星星历误差

卫星星历误差也即卫星轨道误差 (如 5.3 节所述)，是指星历中给出的卫星轨道坐标与卫星实际轨道坐标之间的偏差，是影响定轨精度的重要误差源之一。目前全球很多家分析中心均可提供实时广播星历、精密卫星星历等，包括最终精密星历 (IGS)、快速精密星历 (IGR)、超快速精密星历 (IGU) 产品。对于 GPS 卫星，IGS 精密轨道的精度最高，优于 3cm；IGR 轨道的精度次之，优于 4cm；IGU 星历实测部分的精度优于 5cm，预报部分精度较低，约为 10cm；广播星历的精度需要通过对计算的坐标进行评价来得到，精度在 160cm 左右 (秦显平，2009)。我国 BDS 正在建设中，目前北斗广播星历的轨道精度优于 2m，其中 GEO 卫星轨道精度较低 (孟祥广等，2016)，事后精密轨道精度也与轨道类型相关，重叠弧段对比显示 R 方向和 N 方向可达厘米级 (朱永兴等，2015)。

2. 导航卫星钟差和接收机钟差

导航卫星一般配备高精度高稳定的原子钟 (如铯钟、铷钟等)，但实际仍然是一非理想时钟，星载原子钟计时与标准 GPS 时之间会有一个偏差，即卫星钟差，是需要进行修正的。该误差会对卫星位置的确定及星地距离的计算产生一定的影响。

目前 IGS、CODE 等知名机构均可提供不同时间间隔的实时钟差、精密钟差等产品，可满足高精度定位定轨的需要，用户可用内插的方法获取观测时刻的精密钟差值。针对此类误差，在事后精密定轨中采用高精度的卫星钟差可以较好地削弱此类误差，也可利用全球 GNSS 跟踪站的 GNSS 观测数据解算该钟差。而对于低轨卫星的钟差，可将接收机钟差当作未知参数，与位置参数一同求解，也可采用差分方式消除。

对于实时定轨，采用导航卫星星历提供的广播钟差时，通常使用二阶多项式来计算卫星的钟差

$$\Delta t = a_0 + a_1(t - t_0) + a_2(t - t_0)^2 \tag{6.2.8}$$

式中，t_0 为参考历元；a_0、a_1、a_2 分别表示卫星钟在 t_0 时刻的钟差、钟速及钟漂值。

3. 天线相位中心偏差

GNSS 卫星和低轨卫星均存在此项误差，精密星历中的卫星位置是以 GNSS 卫星质心为参考点的，而用于计算的 GNSS 信号实际是以发射时刻的瞬时相位中心为参考点的。对于低轨卫星来说，GNSS 接收机天线参考点与接收机天线相位中心也不一样，卫星天线和接收机天线都需要进行相应的天线相位中心改正。天线相位中心偏差改正包括 PCO 改正和 PCV 改正。

卫星天线相位中心相对于卫星质量中心的偏差常以星固系中的偏差向量 $\boldsymbol{\alpha}$ 给出。假定在惯性坐标系中，星固坐标系轴的单位矢量为 $\bar{e}_x$, $\bar{e}_y$, $\bar{e}_z$，则表示在惯性坐标系中的天线相位中心偏差为

$$\Delta \bar{r}_{\text{sant}} = (\bar{e}_x \ \bar{e}_y \ \bar{e}_z) \cdot \boldsymbol{\alpha} \tag{6.2.9}$$

已知卫星质心的位置 $\bar{r}_s$，即卫星星历坐标，则相位中心的惯性坐标为

$$\bar{r}_{\text{sant}} = \bar{r}_s + \Delta \bar{r}_{\text{sant}} \tag{6.2.10}$$

GNSS 卫星的 PCO 及 PCV 误差可以直接使用各分析中心发布的改正值进行改正，而低轨卫星 GNSS 接收机天线的 PCO、PCV 误差一般缺少相关信息，即使在地面获取先验值，由于卫星入轨后太空环境变化较大、质心移动等，PCO、PCV 往往会发生巨大变化，因此需要对该项误差进行在轨估计，建立相关模型进行修正。

4. 相对论效应

相对论效应改正公式见 5.3 节。

5. 天线相位缠绕

对于星载 GNSS 定轨，由于定轨过程中是把接收机钟差参数当作未知数进行估计的，可有效地吸收天线相位缠绕误差，因此可忽略该项误差。

6. 电离层延迟误差

利用双频 GNSS 观测数据进行定轨时，可采用双频消电离层组合的方式减弱电离层延迟误差的影响。

7. 多路径效应及观测噪声

多路径效应是指当 GNSS 信号传播时，反射信号对直接信号产生干涉而引起的观测值偏差。对于低轨卫星，可以在接收机上加扼流圈或者调整天线位置来尽可能削弱多路径影响，在实际定轨时一般不考虑多路径效应的影响。观测噪声一般为白噪声，且观测噪声之间是相互独立的，与卫星无关，可以看作符合高斯正态分布的随机误差。

6.3 数据质量评估

6.3.1 数据可靠性度量

通常把衡量测量成果可靠程度的指标称为可靠性指标，系统的可靠性反映了系统抵御粗差的能力。可以说，对于不可靠的成果讨论其精度毫无意义，离开可靠性的精度是一种虚假的理论精度。

1. 内部可靠性与外部可靠性

成果的内部可靠性亦称观测的可控性，是指观测数据中存在的模型误差 (或粗差) 在一定显著水平和功效下，用数理统计检验方法探测出的能力，可用最小可检测偏差 (MDB) 来表示；成果的外部可靠性指系统抵抗观测数据中残存粗差对平差结果 ($\hat{X}$ 及其函数) 的影响，可用指标 MDE 来度量 (周江文等，1999)。荷兰 Delft

大学大地测量计算中心给出了 MDB 和 MDE 的计算公式：

$$|\text{MDB}| = \sigma_0 \sqrt{\frac{\lambda_0}{c^{\mathrm{T}}PRc}} \tag{6.3.1}$$

$$\text{MDE} = \lambda_0 c^{\mathrm{T}}PHc(c^{\mathrm{T}}PRc)^{-1} \tag{6.3.2}$$

式中，λ_0 是在一定概率条件下的非中心参数，它是弃真概率 α_0、检验功效 β_0 和待检测的模型参数 (粗差) 个数 b_0 的函数，α_0、β_0 和 b_0 一经选定，λ_0 就是一个常数。通常取 $\alpha_0 = 0.001$，$\beta_0 = 0.80$，$b_0 = 1$，则 $\lambda_0 = 17.07$；P 为观测权阵；R 为正交投影矩阵，令 $H = A(A^{\mathrm{T}}PA)^{-1}A^{\mathrm{T}}P$，则 $R = I - H$，其中 A 为误差方程的系数阵；向量 c 表示模型误差的位置和类型，其形式将在下面具体讨论。

2. GNSS 观测数据的可靠性度量

对于 GNSS 系统，观测量主要有两类，即码观测值和相位观测值。相应的模型误差 (或称粗差) 包括码观测值中的粗差和相位观测值中的周跳。不同类型的模型误差相应的向量 c 不同。

1) 码观测值中的粗差

设第 i 个观测方程中的码观测值含有粗差，则模型向量

$$c_{n\times 1} = [0\ 0\ \cdots\ \overset{\overset{i}{\downarrow}}{1}\ 0\ \cdots\ 0]^{\mathrm{T}} \tag{6.3.3}$$

其中，n 为观测方程的总个数。将式 (6.3.3) 代入式 (6.3.1)、(6.3.2) 中，经推导得

$$|\text{MDB}|_{\text{code}} = \sigma_0 \sqrt{\frac{\lambda_0}{c^{\mathrm{T}}PRc}} = \lambda_0^{\frac{1}{2}} \sigma_0 [(PR)_{ii}]^{-\frac{1}{2}} \tag{6.3.4}$$

$$\text{MDE}_{\text{code}} = \lambda_0 c^{\mathrm{T}}PHc(c^{\mathrm{T}}PRc)^{-1} = \lambda_0 P_{ii}/(PR)_{ii} \tag{6.3.5}$$

2) 相位观测值中的周跳

对于另一类观测粗差——周跳，MDB 以距离单位表示。设周跳发生在历元 $l(1 \leqslant l \leqslant k,\ k$ 为总历元数$)$ 至卫星 j 的 L_1 载波相位观测值上，则该周跳影响到对卫星 j 的 L_1 载波的后续 $(k-l)$ 个相位观测值。记 $v = k - l + 1$ (称为周跳窗)，不失一般性，将此 v 个观测方程排在观测方程的前面，则模型向量

$$c_{n\times 1} = [1\ 1\ \cdots\ 1\ \overset{\overset{v+1}{\downarrow}}{0}\ \cdots\ 0]^{\mathrm{T}} \tag{6.3.6}$$

将式 (6.3.6) 代入式 (6.3.1)、(6.3.2) 中，经推导得

$$|\text{MDB}|_{\text{phase}} = \sigma_0 \sqrt{\frac{\lambda_0}{c^{\mathrm{T}}PRc}} = \lambda_0^{\frac{1}{2}} \sigma_0 \left[\sum_{i=1}^{v}\sum_{j=1}^{v}(PR)_{ij}\right]^{-\frac{1}{2}} \tag{6.3.7}$$

$$\mathrm{MDE_{phase}} = \lambda_0 c^{\mathrm{T}} PHc(c^{\mathrm{T}}PRc)^{-1}$$

$$= \lambda_0 \left[\sum_{i=1}^{v}\sum_{j=1}^{v}(PH)_{ij}\right] \times \left[\sum_{i=1}^{v}\sum_{j=1}^{v}(PR)_{ij}\right]^{-1}$$

$$= \lambda_0 \left[\frac{\sum_{i=1}^{v}\sum_{j=1}^{v}P_{ij}}{\sum_{i=1}^{v}\sum_{j=1}^{v}(PR)_{ij}} - 1\right] \qquad (6.3.8)$$

3) 一种统一的可靠性指标

从式 (6.3.4)、(6.3.5)、(6.3.7) 和 (6.3.8) 中可以看出，可靠性指标实质上由平差因子阵 R 和权阵 P 决定。Baarda 定义的内外可靠性指标可以统一起来，不必考虑 λ_0 的作用。为此，定义了一种统一的适用于码观测值和相位观测值的新的可靠性指标，即

$$\gamma = \sum_{i=1}^{v}\sum_{j=1}^{v}(PR)_{ij} \Big/ \sum_{i=1}^{v}\sum_{j=1}^{v}P_{ij} \qquad (6.3.9)$$

对于码观测值，此时 $v=1$。γ 越大，可靠性越好；γ 越小，可靠性越差。可得

$$|\mathrm{MDB}|_{c(p)} = \lambda_0^{\frac{1}{2}}\sigma_0\left[\gamma\sum_{i=1}^{v}\sum_{j=1}^{v}P_{ij}\right]^{-\frac{1}{2}} \qquad (6.3.10)$$

$$\mathrm{MDE}_{c(p)} = \lambda_0(\gamma^{-1} - 1) \qquad (6.3.11)$$

可见，原来的内、外可靠性指标都可用新的统一的指标替换。但新的统一的可靠性指标意义更明确，计算更简便。

6.3.2 数据质量评估指标

对星载 GNSS 卫星精密定轨，GNSS 观测数据的质量是影响其定轨精度的关键因素之一。理论上，观测数据的观测误差都应该是均值为零、方差很小的白噪声序列；然而，实际的 GNSS 观测还存在多路径效应等未被模型化的误差，将造成观测数据误差的增大，影响定轨结果。衡量 GNSS 数据质量的指标主要有卫星可见数、多路径效应、周跳比和观测数据的完整性等。

卫星可见数是指星载观测数据中每个历元的观测卫星数目，可以直观地反映低轨卫星接收机的跟踪情况。卫星可见数越多，定轨可用的多余观测数越多，对相应的定轨精度也有影响。

多路径误差作为影响星载数据质量与低轨卫星定轨精度的重要因素之一,其估计值能够直观地反映观测数据的优良。

数据的有效率和利用率作为星载观测数据质量的统计值,反映了接收机采集数据的性能与稳定性。对于星载 BDS 数据,由于 BDS 全球系统尚未建设完成,数据的利用率较为重要,利用率低说明数据质量较差,对定轨结果影响较大。

地面静态观测数据的周跳比通常会大于 200,星载接收机处于高动态环境中,由于低轨卫星运动速度快、相邻历元间电离层延迟变化较大、接收机空间环境差以及多路径效应影响等,所以产生了更多的周跳。周跳比越大,周跳个数越少,数据质量也越高。

6.3.3 实测数据质量评估

实测数据来自三颗不同类型的低轨卫星,包括 GRACE-A、ZY3-02 星和气象卫星 FY3-C。GRACE 卫星和 ZY3 卫星上搭载的是单系统接收机,只能获取 GPS 卫星的观测数据。而 FY3-C 卫星上搭载的是双模接收机,可以同时获取 GPS 和 BDS 的观测数据。

1. GRACE-A 卫星

选取 GRACE-A 卫星 2016 年 1 月 1~10 日 (年积日为 001~010) 共 10 天的星载 GPS 观测数据进行质量评估。卫星可见性情况见图 6.3.1 和表 6.3.1。

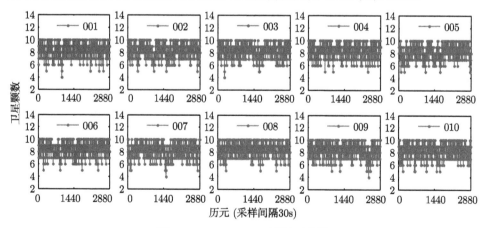

图 6.3.1 GRACE-A 卫星可见性

由表 6.3.1 和图 6.3.2 可知,GRACE-A 卫星星载 GPS 接收机每个历元观测到的 GPS 卫星数基本为 4~12 颗,其中 80% 以上的历元达到 7~9 颗,为卫星定轨提供了较多的数据量。

GRACE-A 卫星 P 码伪距的多路径误差见图 6.3.2。

6.3 数据质量评估

表 6.3.1 GRACE-A 星载 GPS 数据的卫星可见数分布统计

年积日	均值/颗	≤3 颗占比	4~6 颗占比	7~9 颗占比	10~12 颗占比	≥13 颗占比
001	8.414	0	4.0%	82.7%	13.3%	0
002	8.379	0	3.7%	83.3%	13.0%	0
003	8.352	0	4.3%	84.5%	11.2%	0
004	8.383	0	3.1%	83.3%	13.6%	0
005	8.272	0	4.2%	83.5%	12.3%	0
006	8.464	0	3.2%	82.4%	14.4%	0
007	8.314	0	5.3%	81.7%	13.0%	0
008	8.516	0	2.7%	81.3%	16.0%	0
009	8.410	0	4.3%	81.4%	14.3%	0
010	8.399	0	3.2%	83.2%	13.6%	0

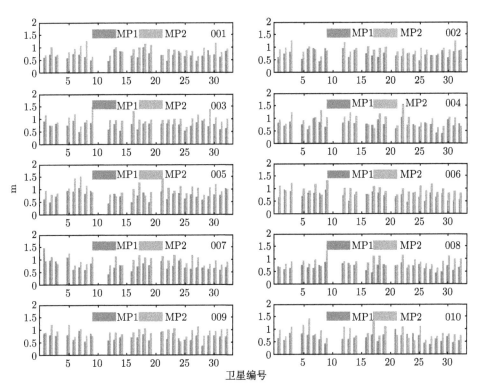

图 6.3.2 GRACE-A 卫星 P 码伪距 MP1 和 MP2 的多路径误差值统计

图中横坐标为相应的 GPS 卫星编号,纵坐标为 P_1、P_2 伪距的多路径误差 MP1 和 MP2 的统计值,单位为 m。可以看出,频率 L_1 上的多路径误差整体小于频率

L_2 上的多路径误差，RMS 值分别为 0.71m 和 0.94m。

表 6.3.2 总结了 GRACE-A 卫星星载 GPS 数据的质量评估结果，数据的利用率和有效率均为 100%，说明接收机的性能良好，周跳比 (O/slip) 平均为 27，其他评估指标正常。

表 6.3.2 GRACE-A 卫星星载 GPS 数据质量评估统计

年积日	利用率/%	有效率/%	MP1/m	MP2/m	SN1 均值	SN2 均值	O/slip
001	100	100	0.68	0.89	28.38	30.71	22
002	100	100	0.71	0.91	28.31	30.81	26
003	100	100	0.71	0.99	28.34	30.91	29
004	100	100	0.74	0.94	28.34	30.86	28
005	100	100	0.72	0.98	28.19	30.73	33
006	100	100	0.75	0.97	28.37	30.96	28
007	100	100	0.73	0.97	28.25	30.73	26
008	100	100	0.68	0.90	28.21	30.75	28
009	100	100	0.71	0.94	28.23	30.93	25
010	100	100	0.68	0.91	28.28	30.76	28

2. ZY3-02 卫星

选取 ZY3-02 卫星 2016 年 8 月 27 日 ～9 月 5 日 (年积日为 240～249) 共 10 天的星载 GPS 观测数据进行质量评估。

卫星可见数情况见图 6.3.3 和表 6.3.3。可以看出，ZY3-02 卫星星载 GPS 接收机每个历元观测到的 GPS 卫星数基本为 4～12 颗，其中，超过 20% 的历元能接收到 10～12 颗卫星，接收机的性能良好。

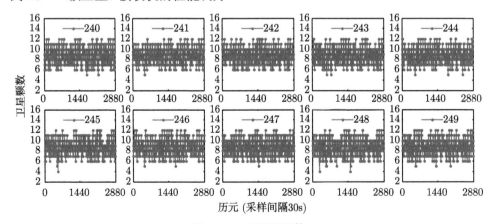

图 6.3.3 卫星可见数

6.3 数据质量评估

表 6.3.3　ZY3-02 星载 GPS 数据的卫星可见数分布统计

年积日	均值/颗	≤3 颗占比	4~6 颗占比	7~9 颗占比	10~12 颗占比	≥13 颗占比
240	8.646	0	4.0%	69.2%	26.8%	0
241	8.693	0	2.7%	71.1%	26.2%	0
242	8.723	0	3.6%	69.6%	26.8%	0
243	8.703	0	4.4%	69.1%	26.5%	0
244	8.703	0	2.8%	70.0%	27.2%	0
245	8.631	0	4.7%	71.2%	24.1%	0
246	8.635	0	3.5%	71.5%	25.0%	0
247	8.670	0	4.0%	69.0%	27.0%	0
248	8.675	0	4.9%	67.0%	28.1%	0
249	8.713	0	3.8%	70.0%	26.2%	0

ZY3-02 卫星 P 码伪距的多路径误差见图 6.3.4。MP1 大于 MP2，其均值分别为 0.807m 和 0.328m。

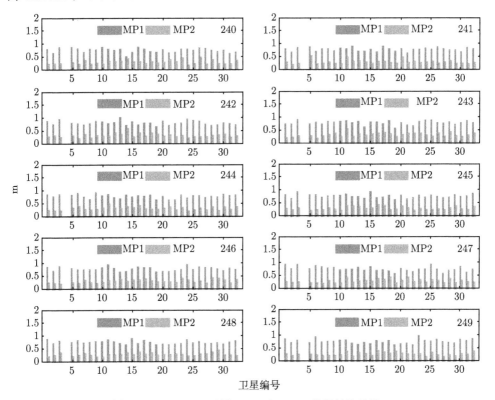

图 6.3.4　ZY3-02 卫星 MP1 和 MP2 的误差值统计

表 6.3.4 总结了 ZY3-02 卫星星载 GPS 数据的质量评估结果, 数据的利用率超过 99%, 有效率约为 95%, 说明接收机的性能良好, 周跳比平均为 43.5, 其他评估指标正常。

表 6.3.4 ZY3-02 卫星星载 GPS 数据质量评估统计

年积日	利用率/%	有效率/%	MP1/m	MP2/m	SN1 均值	O/slip
240	99.06	94.81	0.79	0.33	47.08	38
241	99.58	95.48	0.81	0.33	47.07	48
242	99.62	95.27	0.81	0.32	47.06	45
243	99.51	95.12	0.81	0.34	47.04	47
244	98.99	95.48	0.80	0.33	47.07	41
245	99.62	95.36	0.79	0.33	47.08	40
246	99.62	95.39	0.81	0.32	47.04	39
247	99.55	95.37	0.82	0.32	47.05	48
248	99.10	95.01	0.80	0.33	47.04	43
249	99.62	95.41	0.83	0.33	47.04	46

3. FY3-C 卫星

选取 FY3-C 卫星 2016 年 6 月 8~17 日 (年积日 160~169) 共 10 天的星载双模观测数据进行质量评估。

星载 GNSS 接收机对 GPS 卫星的可见性情况见图 6.3.5 和表 6.3.5, 对 BDS 卫星的可见性情况见图 6.3.6 和表 6.3.6。

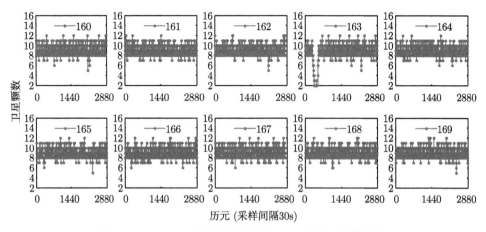

图 6.3.5 FY3-C 卫星星载接收机 GPS 卫星可见数统计

6.3 数据质量评估

表 6.3.5　FY3-C 卫星星载 GPS 数据的卫星可见数分布统计

年积日	均值/颗	≤3 颗占比	4~6 颗占比	7~9 颗占比	10~12 颗占比	≥13 颗占比
160	8.712	0	0.2%	78.5%	21.3%	0
161	8.734	0	0	80.4%	19.6%	0
162	8.748	0	0.1%	78.2%	21.7%	0
163	8.303	5.4%	1.6%	72.4%	20.6%	0
164	8.729	0	0.1%	77.7%	22.2%	0
165	8.680	0	0.2%	80.0%	19.8%	0
166	8.682	0	0.3%	79.3%	20.4%	0
167	8.755	0	0	77.3%	23.0%	0
168	8.708	0	0.1%	79.2%	20.7%	0
169	8.685	0	0.2%	79.9%	19.9%	0

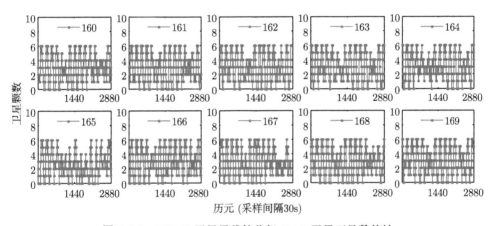

图 6.3.6　FY3-C 卫星星载接收机 BDS 卫星可见数统计

表 6.3.6　FY3-C 卫星星载 BDS 数据的卫星可见数分布统计

年积日	均值/颗	≤3 颗占比	4~6 颗占比	7~14 颗占比
160	3.013	61.6%	38.4%	0
161	2.984	60.3%	39.7%	0
162	3.007	61.8%	38.2%	0
163	3.038	60.2%	39.8%	0
164	3.083	61.4%	38.6%	0
165	2.539	71.7%	28.3%	0
166	3.002	59.9%	40.1%	0
167	2.933	64.9%	35.1%	0
168	2.891	61.5%	38.5%	0
169	3.042	60.1%	39.9%	0

可以看出，FY3-C 卫星星载 GNSS 接收机每个历元观测到的 GPS 卫星数大多

为 7~9 颗，其中 20% 左右的历元能接收到 10 颗以上卫星；星载 BDS 接收机最多能接收到 6 颗卫星的数据，且存在较长时间无法接收数据的情况，超过 60% 的历元可见卫星数不超过 4 颗，无法单独进行定轨解算。

FY3-C 卫星上星载 GPS 数据质量评估结果如图 6.3.7 和表 6.3.7，星载 BDS 数据质量评估结果如图 6.3.8 和表 6.3.8。

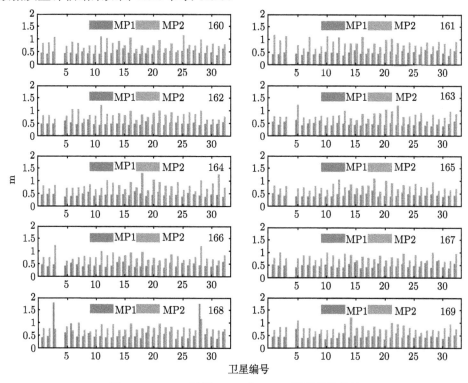

图 6.3.7 GPS 卫星 MP1 和 MP2 的误差值统计

表 6.3.7 FY3-C 卫星星载 GPS 数据质量评估统计

年积日	利用率/%	有效率/%	MP1/m	MP2/m	SN1 均值	SN2 均值	O/slip
160	99.90	76.34	0.47	0.80	42.54	23.13	60
161	97.99	73.93	0.46	0.85	42.08	22.96	58
162	98.02	73.66	0.46	0.80	42.48	23.05	51
163	99.83	73.06	0.46	0.80	42.42	22.95	60
164	99.90	73.13	0.45	0.80	42.34	23.25	57
165	99.90	73.38	0.45	0.78	42.51	23.37	58
166	99.90	75.59	0.46	0.80	42.04	23.49	57
167	97.33	76.81	0.46	0.78	42.38	23.35	59
168	99.72	74.64	0.70	0.78	42.52	23.18	43
169	99.93	74.32	0.46	0.80	42.32	23.26	57

6.3 数据质量评估

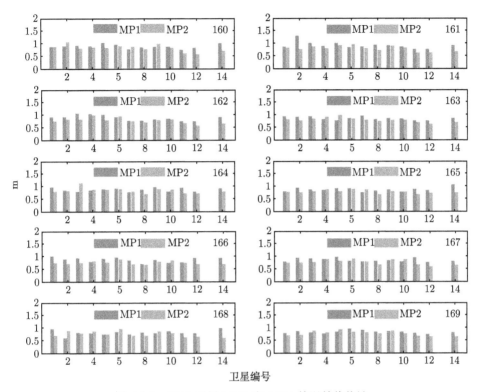

图 6.3.8　BDS 卫星 MP1 和 MP2 的误差值统计

表 6.3.8　FY3-C 卫星星载 BDS 数据质量评估统计

年积日	利用率/%	有效率/%	MP1/m	MP2/m	SN1 均值	SN2 均值	O/slip
160	86.94	85.68	0.86	0.78	38.56	37.67	57
161	84.90	85.97	0.88	0.76	38.80	38.22	55
162	85.38	85.72	0.85	0.75	39.09	38.70	56
163	88.19	85.66	0.84	0.77	38.77	38.30	57
164	88.85	84.26	0.85	0.80	38.58	38.01	55
165	85.90	83.65	0.85	0.75	38.54	38.12	64
166	88.44	86.02	0.87	0.77	38.99	38.62	58
167	85.42	85.94	0.86	0.77	38.56	38.03	56
168	85.07	83.71	0.83	0.75	39.12	38.24	57
169	88.54	84.16	0.84	0.78	38.69	38.33	60
平均	86.76	85.08	0.85	0.77	38.77	38.22	57

可以看出，相比 GPS 数据，BDS 数据各个指标均有一定差距，FY3-C 卫星星载 GPS 数据的质量评估结果，数据的利用率接近 100%，数据的有效率较低，平均为 74%，接收机的性能基本正常，其他评估指标正常。数据的利用率和有效率低于星载 GPS 数据，均在 85% 左右，B_1 频率上的多路径误差大于星载 GPS 数据 L_1 频率上的多路径误差，其他评估指标正常。

6.4 数据处理策略

6.4.1 数据预处理

低轨卫星运动的高动态性、接收机的不稳定性、多路径效应影响及电离层闪烁等原因, 常会造成星载 GPS 观测数据的不连续性或卫星信号的失锁, 如果这些问题得不到解决, 就会给星载 GPS 低轨卫星定轨结果带来严重偏差。在星载 GPS 低轨卫星定轨中, 如果函数模型、随机模型及星载 GPS 接收机观测到的 GPS 卫星的几何形状以及和地面基准站之间的几何形状一定, 定轨精度在很大程度上依赖于 GPS 观测数据质量的好坏。GPS 观测误差通常包括接收机钟的突跳、电离层闪烁、多路径效应等带来的粗差以及某种因素造成卫星失锁而产生的周跳等。

对星载 GNSS 非差数据的预处理通常包括两个环节: 一是针对原始的 RINEX 数据, 借助于双频 P 码和相位观测值的各种线性组合来探测和修正观测数据中的粗差和周跳; 二是在定轨过程中, 引入高精度 GNSS 卫星星历和高频钟差, 通过迭代定轨得出的残差对经第一环节处理过的星载 GNSS 数据进行残余粗差和周跳探测。本节所说的数据预处理是指针对原始观测值的粗差和周跳探测。

粗差和周跳探测方法有很多, 包括高次差法、多项式拟合法、伪距相位组合法、电离层残差法、MW 组合法、卡尔曼滤波法、小波分析法等。大多数周跳探测方法是通过寻找一个对周跳敏感的组合观测值, 在组合观测值的时间序列中寻找异常值从而发现粗差和周跳。周跳探测方法不同, 则检验量的构造亦不同。由于周跳的不确定性和探测方法的各种限制条件, 单一一种方法很难将周跳去除干净, 实际中需要结合多种方法反复进行探测。在诸多周跳探测方法中, 伪距相位组合法原理简单、无须测站信息和卫星轨道信息、不受基线长度影响, 适用于静态和动态定位中较大周跳的探测; 电离层残差法只需要载波相位观测值, 其检验量与基线长度、运动形式、模糊度项等无关, 适用于小周跳的探测, 但对单频接收机不适用; MW 组合具有较长的波长, 且消除了电离层、对流层、钟差的影响, 有利于周跳探测和模糊度固定 (杨霞, 2009; 张守建, 2009)。

以著名的 Bernese 定轨定位软件对星载 GPS 观测数据预处理为例, 阐述对星载 GNSS 原始观测数据的预处理方法和步骤。对原始观测数据的预处理是以 RINEX 数据中的弧段 (通常把卫星的一次通过作为一个弧段) 为单位进行的, 对每个弧段的处理分为以下四步 (Rolf et al., 2007; 韩保民, 2003)。

(1) 利用 MW 组合 (见式 (6.2.7)) 检测粗差和周跳。这种组合可以消除诸如电离层、几何距离、接收机和 GPS 钟差等因素的影响。除了宽巷模糊度外, 剩下的信号只有纯噪声。其观测噪声大约是 L_1 频率噪声的 0.7 倍。在处理时先定义弧段和时间, 一般规定每个弧段至少 10 个数据点, 在进行下一个弧段前最大允许 3~5min

没有观测数据。在定义完弧段后，计算这个弧段上观测值的 RMS，如果 RMS 值超过用户规定的最大限值，则认为这个观测弧段可能存在周跳。在实际计算中，一般采用递推的方法计算每一历元的模糊度值 $b_w(i)$ 及其方差 σ_i，假设 $\langle b_w \rangle$ 为整个弧段上的模糊度的加权平均值，则有

$$\langle b_w \rangle_i = \frac{i-1}{i} \langle b_w \rangle_{i-1} + b_w(i) \tag{6.4.1}$$

$$\sigma_i^2 = \frac{i-1}{i} \sigma_{i-1}^2 + \frac{1}{i} \left(b_w(i) - \langle b_w \rangle_{i-1} \right)^2 \tag{6.4.2}$$

对于 i 历元的观测数据，如果 $|b_w(i) - \langle b_w \rangle_{i-1}| > 4\sigma_{i-1}$，则认为 i 历元可能发生周跳，否则认为没有周跳，继续考察下个历元的模糊度 $b_w(i+1)$。若 $i+1$ 历元的 b_w 不超限或者 i 和 $i+1$ 历元的模糊度都超限且它们两个的超限值之差也超限 (一般地，为宽巷波长的 0.4~0.6 倍，即 34~52cm)，就认为 i 历元观测值为粗差，剔除 i 历元数据。如果 i 和 $i+1$ 历元的模糊度都超限但它们两个的超限值本身并不大，则认为 i 历元上有周跳，把前 $i-1$ 个历元的观测数据作为第一个弧段，记录 b_w 及其方差的值作为后续处理的初值，重复上述步骤直到最后一个历元。在处理过程中可能会遇到数据中断情况，若数据中断时间超过限值，则应重新定义弧段，计算出弧段的 b_w 均值后，即可求弧段与弧段之间的周跳。

需要说明的是，这种组合探测的只是两频率的周跳之差。如果组合的误差小于 0.5 倍的宽巷波长，即 43cm(针对 GPS 而言，不同的 GNSS，由于频率不同，波长也不同)，或在两个频率上的粗差或周跳正好相等，那么这种方法就失效了。

(2) 在第一步探测出周跳的基础上，用与几何距离无关的线性组合 (见式 (6.2.5)) 来确定在 L_1、L_2 上的周跳大小。这一组合又称为电离层残差组合，与接收机至卫星的几何距离无关，消除了诸如轨道误差、接收机钟差、卫星钟差及对流层误差的影响，仅包含电离层、L_1 和 L_2 的实数模糊度组合及与频率有关的观测噪声等的贡献。在未发生周跳的情况下，模糊度保持不变，电离层的影响变化又相对缓慢，因此，这种组合适宜于较大粗差及周跳的检测与修正。该周跳信息用于连接周跳发生前后的观测值，通常仅用于连接相位平滑伪距，对相位数据中发生的周跳并不做修正，而是在相应历元设置一个新的模糊度参数。

(3) 用双频 P 码和相位的消电离层组合之差 (见式 (6.2.3) 和式 (6.2.4)) 来剔除由于系统误差的存在而在 MW 组合中没有消除掉的质量较差的观测值。这些系统误差主要是 GPS 接收机中所用的滤波或平滑步骤所造成的。就像 MW 组合一样，这个组合也只有噪声的影响。但采用这个组合的缺点是噪声被放大了 (是 P_1 码噪声的 3 倍，MW 组合噪声的 4 倍)。但是这种组合可以用来检测由接收机本身的系统误差所引起的粗差。

$$L_3 - P_3 = \frac{1}{f_1^2 - f_2^2}\left(f_1^2 L_1 - f_2^2 L_2\right) - \frac{1}{f_1^2 - f_2^2}\left(f_1^2 P_1 - f_2^2 P_2\right) \tag{6.4.3}$$

(4) 用经过数据处理后相位观测值对 P 码伪距观测值进行平滑。所谓平滑，就是把一个经过质量检测的干净的数据弧段上的码观测值用那个弧段上相位观测值减去码和相位的平均差来代替。注意要考虑相位和码的电离层符号的不同。在任一历元 t，平滑后的码观测值可写为

$$\tilde{P}_1(t) = \phi_1(t) + \bar{P}_1 - \bar{\phi}_1 + 2 \cdot \frac{f_1^2}{f_1^2 - f_2^2} \cdot \left[(\phi_1(t) - \phi_2(t)) - (\bar{\phi}_1 - \bar{\phi}_2)\right] \tag{6.4.4}$$

$$\tilde{P}_2(t) = \phi_2(t) + \bar{P}_2 - \bar{\phi}_2 + 2 \cdot \frac{f_1^2}{f_1^2 - f_2^2} \cdot \left[(\phi_1(t) - \phi_2(t)) - (\bar{\phi}_1 - \bar{\phi}_2)\right] \tag{6.4.5}$$

式中，$\tilde{P}_i(t)$ 表示在 t 历元时平滑后 $i(i=1,2)$ 频率上的码观测值；$\phi_i(t)$ 是这一历元的 i 频率相位观测值；$\bar{P}_i - \bar{\phi}_i$ 为当前观测弧段 i 频率上的所有码和相位观测值之差的平均值；$\phi_1(t) - \phi_2(t)$ 为这一历元的电离层延迟；$\bar{\phi}_1 - \bar{\phi}_2$ 是这一观测弧段的所有已消除了周跳的相位观测值的平均电离层延迟；f_1, f_2 表示频率。利用此方法得到的平滑伪距精度比较高，一般可以达到分米级。

以上几个步骤能把非差观测值中较大的粗差和周跳探测出来，并将大的周跳修复。但却很难把较小的粗差检测出来。因为对一个 0.5 倍的 MW 波长所对应的 RMS 来说，4σ 的粗差检测水平约为 160cm，在此之下的粗差就检测不出来了。这种情况下就只能根据平差后的残差来检测比较小的粗差和周跳。

6.4.2 力学模型及参数设置

低轨卫星精密定轨策略直接关系到定轨精度，一般来说，定轨策略主要包括观测值模型设置、力学模型设置、参考框架设置、估计参数等方面。以 CHAMP 为例，表 6.4.1 为具体的精密定轨策略描述。在观测值模型中，需要确定观测值类型、采样间隔、定轨弧长等，确定采用哪家机构的 GNSS 轨道、钟差等产品，确定 GNSS 卫星和低轨卫星的相位中心改正模型等；在参考框架设置中，一般需要确立时间系统、参考框架和章动极移等模型；在力学模型设置中，选用合适的力学模型很大程度上直接关系到解算的精度，因此需要慎重选择合适的力学模型，例如，目前有多家机构根据不同方法解算出的重力场模型，展开的阶数也不相同，需要根据卫星实际情况具体选择；待估参数主要包括初始轨道参数、接收机钟差、模糊度参数、随机脉冲参数。将给定历元、方向上发生的瞬时速度变化定义为随机脉冲，在实际定轨中不是在每个观测时刻都添加随机脉冲参数，而是每隔一段时间设置一次，所以称为伪随机脉冲。其中，伪随机脉冲的时间间隔设置和先验标准差设置十分关键，设置正确的随机脉冲间隔和先验标准差对获取高精度卫星轨道有重要影响。

6.4 数据处理策略

表 6.4.1　CHAMP 卫星定轨策略描述

	项目	描述
力学模型	重力场模型	EGM2008(120×120 阶)
	N 体摄动	JPL DE405
	相对论效应	IERS2010
	固体潮	IERS2010
	海潮	FES2004
	太阳光压	BERN 9 参数模型
	经验力	每 15min 在 R、T、N 三个方向一组
参考框架	时间系统	GPS 时
	惯性参考框架	J2000.0
	地固坐标系参考框架	ITR2008
	章动模型	IAU2000.NUT
	极移模型	IERS2000.SUB
观测值模型	弧长和间隔	24h, 30s
	GPS 数据观测值	载波和伪距非差无电离层组合 L_3, 1s 采样间隔, GFZ 提供
	GPS 轨道	CODE 最终精密轨道, 15s 采样间隔
	GPS 钟差	CODE 最终精密钟差, 5s 采样间隔
	姿态信息	GFZ 提供
	SLR 数据	IRLS 提供
	GPS 卫星相位模型	igs08.atx
	LEO 相位模型	PCO, PCV 在轨估计
	截止高度角	3°
估计参数	起始参数	位置和速度
	接收机钟差	每时刻估计
	模糊度参数	非差模糊度估计
	伪随机脉冲	15min 一组

下面以 CHAMP 为例，探讨伪随机脉冲时间间隔和先验标准差对低轨卫星精密定轨的影响。

首先探讨随机脉冲时间间隔对精密定轨的影响。随机选取 2008 年年积日 132 的 CHAMP 实测 GPS 数据进行精密定轨，将随机脉冲时间间隔分别设置为 6min、12min、15min、30min、60min、120min 和 240min，利用 GFZ 发布的快速科学轨道 (RSO) 来评估脉冲时间间隔对精密定轨的影响，结果如图 6.4.1 所示。

由图 6.4.1 看出，当随机脉冲时间间隔较大 (30min 以上) 时，获取的精密轨道与 RSO 相差较大，这主要是因为脉冲设置过少，许多未被模型化的误差不能被有效吸收，而当脉冲设置较密时，与 RSO 的对比也在增大，这可能是随着随机脉冲的增加，估计参数过多导致定轨过程不稳定。而每 15min 设置一组，也就是每天设置 96 组，是最为合适的选择。

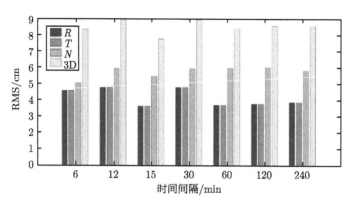

图 6.4.1 随机脉冲时间间隔对 CHAMP 精密定轨的影响

然后探讨随机脉冲先验标准差对精密定轨的影响。同样选取 2008 年年积日 132 的 CHAMP 实测 GPS 数据进行精密定轨，时间间隔固定为 15min，将随机脉冲先验标准差设置为 10^{-9}m/s²、10^{-8}m/s²、10^{-7}m/s²、10^{-6}m/s²、10^{-5}m/s²、10^{-4}m/s² 和 10^{-3}m/s²，利用 RSO 对比来评估脉冲时间间隔对精密定轨的影响，其结果如图 6.4.2 所示。

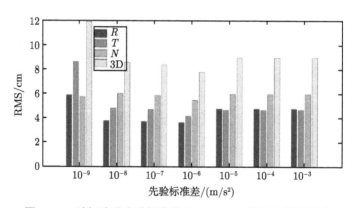

图 6.4.2 随机脉冲先验标准差对 CHAMP 精密定轨的影响

由图 6.4.2 可以看出，先验标准差对 CHAMP 的精密定轨并没有像时间间隔的影响那么大，当先验标准差在 $10^{-5} \sim 10^{-3}$m/s² 时，定轨结果没有明显变化，当设置为 10^{-6}m/s² 时，定轨结果有明显提升，三维位置精度低于 8cm，但是当先验标准差进一步提高时，定轨精度开始下降。因此，在 CHAMP 定轨中，最终设置为每天 96 组，先验标准差 10^{-6}m/s²。

因此，在低轨卫星精密定轨中，伪随机脉冲的设置十分重要，尤其是时间间隔和先验标准差的设置。一般可设置每天 24 组，48 组，96 组或者 120 组，对于 500km 左右的卫星可以选择 96 组。当数据量较少时，脉冲数目也要相应减少，以

6.4 数据处理策略

免定轨不收敛 (赵春梅等，2013)。

6.4.3 定轨基本流程

低轨卫星精密定轨首先准备好相应的观测数据、姿态数据、GNSS 卫星精密星历和钟差及地球自转参数等数据，然后利用预处理过的码观测值通过精密伪距单点定位进行时间同步和获取卫星概略坐标，并将概略坐标转为星历格式作为初始轨道；接下来对载波数据进行处理，并引入合适的动力学模型和随机脉冲，对轨道参数等进行估计，此过程需要多次迭代，直至符合设定的限定条件；对最终的轨道元素积分，生成标准轨道，然后转换为 SP3 格式的星历即可，最后对定轨残差等作出统计，并生成相应的总结文件。

定轨基本流程如图 6.4.3 所示。

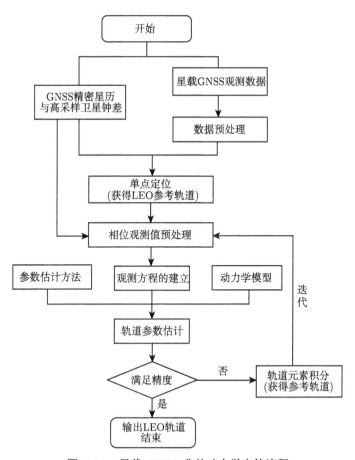

图 6.4.3 星载 GNSS 非差动力学定轨流程

6.4.4 轨道预报方法

低轨卫星预报轨道一般用于卫星实时跟踪、卫星激光测距、地面应用检校等。本节以卫星激光测距为例,介绍轨道预报的具体实现方法。通常而言,卫星激光测距对预报轨道的精度要求并不高,在夜晚观测、卫星可见状态下时,几百米的轨道预报精度即可满足望远镜系统跟踪要求。对于白天激光测距,或者夜晚观测但卫星处于地影中不可见状态时,由于低轨卫星运行速度快,对于 500km 高度的卫星,每次通过时间只有几分钟,这就需要较高精度的预报轨道,保证测距系统能够在较短时间内快速跟踪上卫星,获取卫星数据。

1. 轨道外推

利用外推方法进行卫星轨道预报是比较常用的轨道预报方法。外推方法采用两种方案,其中方案一是将定轨弧段设置为两天,利用一天的星载 GPS 观测数据及星历、极移、钟差等数据文件对卫星进行动力学或简化动力学定轨并外推一天,生成预报轨道;方案二是将定轨弧长设置为一天,利用该天数据解算的力学参数(如太阳光压参数、随机脉冲参数、经验参数等) 和最后一个历元的卫星状态参数(即位置和速度),卫星运动方程,生成预报轨道。两种外推方式都是基于星载 GNSS 数据动力学或简化动力学定轨结果进行的预报。

选取 ZY3-02 星 2016 年 8 月 22 日的星载 GPS 数据进行定轨并外推预报,以事后精密轨道作为参考轨道评估两种方法的预报精度。结果如图 6.4.4 和图 6.4.5 所示。图中,横坐标为历元,纵坐标为与事后精密定轨结果的差值,R 代表径向,T 代表切向,N 代表法向。可以看出,切向精度作为预报轨道精度的主要部分,随着时间的推移逐渐增大,增大幅度明显大于径向和法向,方案二轨道外推的精度明显高于方案一。

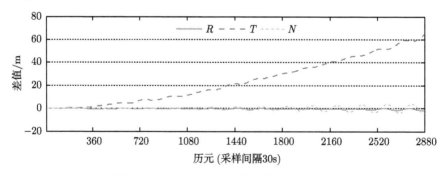

图 6.4.4 方案一预报轨道与精密轨道对比

表 6.4.2 为利用方案二进行轨道预报 4~72 小时的统计结果,预报时间跨度为 2016 年 8 月 11 日 ~8 月 21 日。具体做法为:利用方案二,对 8 月 11 日星

6.4 数据处理策略

载 GPS 数据进行精密定轨,并预报 8 月 12~14 日连续 3 天的卫星轨道,此 3 天轨道积分时采用的力学参数均采用 8 月 11 日解算出的参数,以此模式滚动预报。预报轨道和事后精密定轨结果进行比较。可以看出,利用 GPS 数据定轨结果直接预报轨道,其在时间点 4h 上的精度为 4.16m,随着时间推延,精度变差。预报 1 天的位置精度在 100m 左右,可以满足白天测距和不可见状态下的 SLR 测距需求。

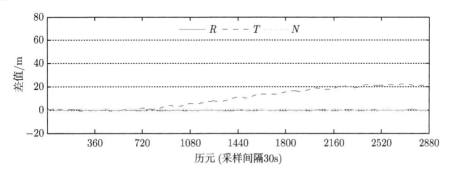

图 6.4.5 方案二预报轨道与精密轨道对比

表 6.4.2 ZY3-02 星预报结果统计

预报时长/h	4	8	12	24	36	72
位置误差/m	4.16	15.25	28.26	100.674	190.59	776.79

2. 瞬时根数预报

利用地面测控部门提供的瞬时卫星轨道根数,配合星载 GNSS 数据定轨解算的力学参数,进行轨道积分,生成预报轨道。由于瞬时根数每天有几组,可以利用最新的一组根数,以减小外推时间。因为随着时间的推移,积分时间越长,预报轨道精度越差。利用瞬时根数可以直接计算卫星的轨道坐标,在具备近期星载 GPS 数据定轨结果的同时,附加太阳光压参数和伪随机脉冲参数能够很好地提高预报的精度。这样避免了星载 GNSS 数据回传异常或不及时导致的轨道外推时间过长,从而造成预报精度较低的情况。

利用地面某卫星测控基地提供的北京时间 9 点的 ZY3-02 星的瞬时轨道根数,配合两天前解算的力学参数 (太阳光压模型参数和脉冲参数),进行轨道预报。预报轨道精度统计结果如表 6.4.3 所示。

表 6.4.3 ZY3-02 星预报结果统计

预报时长/h	4	8	12	24	36	72
位置误差/m	65.68	88.96	113.51	217.81	344.44	1064.67

由于激光观测预报轨道一般在预报当天使用,故而 24h 的精度需要控制在 SLR 有效观测的误差范围内,本实例为 217.81m,能够满足 SLR 测距的基本需求,这样就保证了在星载 GPS 数据中断或异常时地面 SLR 测距工作的进行。

6.5 星载 GNSS 接收机天线相位中心偏差及变化建模

6.5.1 概述

星载 GNSS 接收机测量的是 GNSS 卫星信号发射时刻从 GNSS 卫星天线瞬时相位中心到 LEO 卫星信号接收时刻天线瞬时相位中心的距离,而 LEO 卫星精密定轨是以 LEO 卫星质心为参考点的。通常平均天线相位中心 (Mean Antenna Phase Center,MAPC) 和天线几何参考点 (Antenna Reference Point,ARP) 不重合,该偏差即为天线相位偏差 (Phase Center Offset,PCO)。同时由于天线制造工艺等因素,相位中心会发生波动,瞬时相位中心和 MAPC 间的偏差即为天线相位中心变化 (Phase Center Variation,PCV)。因此,需要 PCO 和 PCV 进行改正。

如图 6.5.1 所示,PCO、PCV 均在天线固定参考坐标系 (Antenna-Fixed System,AFS) 进行定义,AFS 原点为 ARP,z 轴正方向与机械系统轴相连,指向视准轴方向,y 轴和 x 轴与卫星本体坐标系 (Satellite Body System,SBS) 相关,具体指向依据具体天线安装情况不同,如 GRACE 卫星,x 轴和卫星本体坐标系 x 轴指向一致,但 y 轴正好相反。为和地面天线描述标准一致,AFS 中的 x-y-z 也可描述为 North-East-Up,其中,N 方向与 $+y$ 方向一致,E 方向与 $+x$ 方向一致,U 方向与 $+z$ 方向一致,仅表述不同。方位角定义为一矢量在 xOy 平面内 $+y$ 轴旋转至 $+x$ 轴的角度,高度角定义为该矢量和 xOy 平面的夹角。

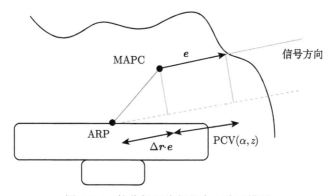

图 6.5.1 接收机天线相位中心改正模型

PCV 主要与高度角 α、方位角 z 及信号频率有关。设 PCO 矢量形式为 Δr,

则由 PCO 及 PCV 导致的改正到几何参考点的距离误差为

$$\Delta\phi(\alpha, z) = \Delta\boldsymbol{r} \cdot \boldsymbol{e} + \mathrm{PCV}(\alpha, z) \tag{6.5.1}$$

式中，$\Delta\boldsymbol{r}$ 为 PCO 偏差，$\boldsymbol{e}$ 为卫星信号入射方向的单位矢量。

包含 PCO 和 PCV 的天线相位中心改正具有很强的耦合性，当 PCO 改正矢量发生变化时，PCV 也会相应地发生变化，公式表示如下：

$$\boldsymbol{r}_0' = \boldsymbol{r}_0 + \Delta\boldsymbol{r} \tag{6.5.2}$$

$$\mathrm{PCV}'(\alpha, z) = \mathrm{PCV}(\alpha, z) - \Delta\boldsymbol{r} \cdot \boldsymbol{e} + \Delta\phi \tag{6.5.3}$$

式中，$\boldsymbol{r}_0$、$\boldsymbol{r}_0'$、$\Delta\boldsymbol{r}$ 分别为原始 PCO 矢量、变化后的 PCO 矢量及变化值；$\mathrm{PCV}(\alpha, z)$、$\mathrm{PCV}'(\alpha, z)$ 分别为原始 PCV 值和变化后的 PCV 值；$\Delta\phi$ 为一随机偏差，和接收机钟差不能分离。因此，要正确估计在轨 PCV 值必须先估计在轨 PCO，才能获得可靠的 PCV 模型。

6.5.2 天线相位中心偏差对卫星定轨的影响

以 CHAMP 卫星为例分析天线相位中心误差对低轨卫星精密定轨的影响。CHAMP 卫星星载 GPS 接收机的 L_1、L_2 频率的测量噪声仅为 1mm。接收机搭载多个天线，用于定轨、大气探测、测高试验等任务，其中用于卫星精密定轨的双频 GPS 天线是由 GFZ 制造的带有扼流圈的 S67-1575-14+CRG 双频天线，以更好地减小多路径等因素的影响。表 6.5.1 反映了 CHAMP 卫星搭载的 GPS 天线及 SLR 反射器相对于质心的位置及方向 (Montenbruck et al., 2009)。

表 6.5.1 CHAMP 卫星 GPS 天线、SLR 反射器在星固系下的位置

LEO	载荷	X/mm	Y/mm	Z/mm
CHAMP	GPS 天线	1488.00	0.00	−39.28
	SLR 反射器	0.00	0.00	25.00

该天线在地面通过自动机器人测量系统对 PCO 进行绝对校正，该校正方法可达到使用微波暗室校正的 1mm 精度。通过机器人校正后，S67-1575-14+CRG 天线的各频率 (L_3 为无电离层组合观测值) 相应方向的 PCO 见表 6.5.2 (Montenbruck et al., 2009)。

表 6.5.2 S67-1575-14+CRG 天线地面标定 PCO   (单位：mm)

频率	$N(+Y)$	$E(+X)$	$U(+Z)$
L_1	1.49	0.60	−7.01
L_2	0.96	0.86	22.29
L_3	2.31	0.20	−52.30

同 PCO 地面估计策略相同，该天线在地面使用自动机器人测量系统获取了先验 PCV 模型，图 6.5.2 显示了无电离层组合观测值 L_3 上的 PCV 分布。显然，地面获取的先验 PCV 模型几乎是完美地严格按照高度角分布，随着高度角的增大而呈现近线性减小的分布特征。该天线地面获取 PCV 量级为 $-10\sim15\mathrm{mm}$。

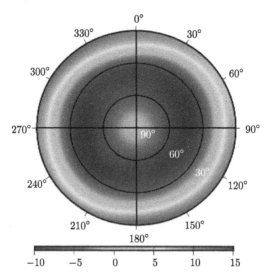

图 6.5.2　S67-1575-14+CRG 天线地面校正的 PCV 模型 (单位：mm) (扫描封底二维码查看彩图)

为更好地分析地面获取的先验 PCO、PCV 模型对 LEO 精密定轨的影响，本节采取三种定轨方案评估其影响，方案一利用 "+ARP" 表示，不采用任何 PCO、PCV 模型；方案二利用 "+PCO" 表示，仅采用地面获取的 PCO 模型；方案三利用 "+PCV" 表示，采用地面获取的 PCO、PCV 模型，其他定轨策略完全相同。定轨策略见表 6.4.1，采用 SLR 检核以及外部精密轨道对比分析其影响。其中，CHAMP 观测资料、姿态数据、快速科学轨道 (Rapid Science Orbit) 均由 GFZ 提供，由于 GFZ 官方未提供事后科学轨道，因此采用了 RSO 轨道作为标准轨道，下载地址为 http://isdc-old.gfz-potsdam.de/。定轨结果如图 6.5.3 和表 6.5.3。

可以看出，第一种方案 R，T，N 三个方向及 3D 位置的 RMS 值分别是 8.2cm，5.8cm，6.6cm，12.1cm；当使用第二种方案，也就是引入地面获取的 PCO 模型后，定轨精度得到进一步提升；但继续采用地面 PCV 后，精度相比方案二反而下降，说明地面 PCV 模型已经与在轨 PCV 模型发生了较大改变。考虑到 PCO 和 PCV 的高度耦合性，PCV 模型的变化也必然会有 PCO 的变化，所以应当对在轨 PCO 和 PCV 模型进行在轨校正。

6.5 星载 GNSS 接收机天线相位中心偏差及变化建模

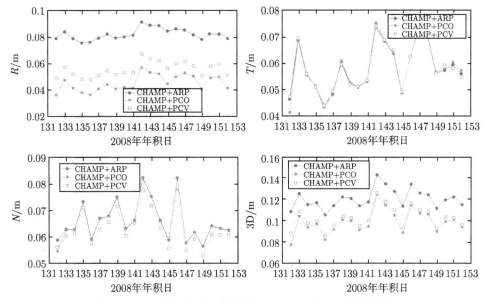

图 6.5.3 天线相位中心模型对 CHAMP 精密定轨的影响

表 6.5.3 CHAMP 卫星外部精密轨道对比结果 (单位: m)

LEO	方案	R	T	N	3D
CHAMP	+ARP	0.082	0.058	0.066	0.121
	+PCO	0.045	0.058	0.066	0.099
	+PCV	0.056	0.058	0.063	0.103

6.5.3 天线相位中心偏差建模

目前，卫星入轨前普遍会使用机器人校正或者微波暗室 (Choi, 2003; Montenbruck et al., 2009; Gu et al., 2016) 对星载 GPS 接收机天线 PCO 进行估计获取 PCO 先验值。但是地面校正环境与卫星天线在轨后的实际太空环境相差较大，且由于燃料变化、卫星质心移动、受多路径影响等，会对星载 GPS 天线 PCO 产生影响，例如，我国试验 3 卫星 (Gu et al., 2016) 星载 GPS 接收机天线 L_3 频率 PCO 相比地面获取的先验值甚至相差 -10.34cm，又如卫星调轨等特殊环境下甚至会产生 PCO 跳变的情况 (Guo et al., 2015)。所以必须对天线 PCO 进行在轨校正。

同样以 CHAMP 卫星为例，根据最小二乘原理，在 LEO 精密定轨过程中，将 PCO 参数作为未知参数引入观测方程，与轨道参数等一同估计，将定轨后包含 PCO 参数的法方程储存，最后通过方程叠加即可求取在轨 PCO 最优解。选取 2008 年年积日 132~152 的星载 GPS 数据，对 CHAMP 的星载 GPS 天线 PCO 进行估计，相比地面获取的 PCO，每天估计的无电离层组合观测值 L_3 的 PCO 变化如

图 6.5.4 所示，定轨策略与表 6.4.1 保持一致。

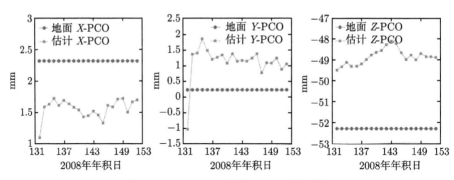

图 6.5.4　CHAMP 卫星 PCO 在轨估计

通过分析，CHAMP 卫星 GPS 接收机天线 PCO 在 X、Y、Z 方向的最终估计结果平均数分别为 1.55mm，1.09mm，-48.87mm，标准差分别为 0.36mm，0.52mm，0.12mm。平均数反映了最终的估计结果，而标准差可以反映估计结果的稳定程度，显然，X 和 Y 方向的 PCO 估计结果要差于 Z 方向。为了更好地分析使用地面 PCO 和在轨 PCO 对 LEO 卫星精密定轨的影响，设计了四种方案进行验证，方案一全部使用地面获取的 PCO 信息；方案二使用在轨估计的 X 方向以及地面获取的 Y 和 Z 方向的 PCO；方案三使用在轨估计的 Y 方向以及地面获取的 X 和 Z 方向的 PCO；方案四使用在轨估计的 Z 方向以及地面获取的 X 和 Y 方向的 PCO；其他定轨策略完全相同。使用外部精密轨道的轨道对比手段来评价不同方案得到的定轨精度，结果如图 6.5.5 所示，具体统计结果见表 6.5.4。

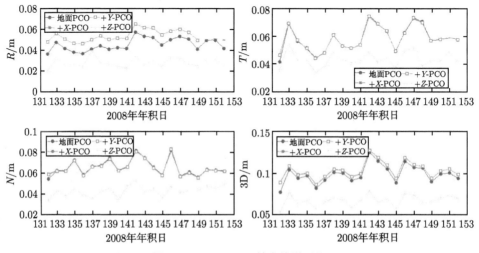

图 6.5.5　CHAMP 精密轨道对比

6.5 星载 GNSS 接收机天线相位中心偏差及变化建模

表 6.5.4　外部精密轨道对比结果统计　　　　　（单位：cm）

LEO	方案	R	T	N	3D
CHAMP	地面 PCO	4.54	5.85	6.56	9.92
	+X-PCO	5.41	5.84	6.59	10.36
	+Y-PCO	5.41	5.87	6.53	10.34
	+Z-PCO	2.81	4.33	4.32	6.75

当仅使用地面 PCO 信息时，三维位置精度在 10cm 左右，距离高精度还有所差距。当分别使用 X、Y、Z 方向上的 PCO 信息时，只有使用 Z 方向 PCO 的定轨精度有提高，这主要还是由于 X 和 Y 方向有较多的误差以及受力模型等因素影响较大，和经验力参数难以分离，即使估计出结果，这个估计结果也是不准确的。因此，目前仅 Z 方向 PCO 估计是较为可行的。因此，在后续定轨工作中，采用地面标定的 X 和 Y 方向的 PCO 信息以及在轨标定的 Z 方向的 PCO 信息作为最终的 PCO 模型。

6.5.4　天线相位中心变化建模

PCV 主要由球谐函数和分段线性函数两种模型来描述，其中球谐函数的表达形式为

$$\Delta \mathrm{PCV}(\alpha, z) = \sum_{n=1}^{n_{\max}} \sum_{m=0}^{n} P_{nm}(\cos z)(a_{nm} \cos m\alpha + b_{nm} \sin m\alpha) \tag{6.5.4}$$

式中，P_{nm} 为勒让德 (Legendre) 函数：n、m、a、b 分别是阶数、阶数、次数和待估函数。该方法物理意义明确，但计算量大。

分段线性函数与 IGS 发布的测地型天线 ANTEX 格式的 PCV 模型表示方法相同，将 PCV 表示成与高度角、方位角相关的格网化的数值。该方法计算量小，实现容易，效果与球谐函数差异很小，我们常采用分段线性函数模型表示 PCV 模型。设 PCV 模型由高度角和方位角组成的网格图中的不同格网点组成，利用双线性插值公式即可得到所对应方位角和高度角的 PCV 值。

PCV 在轨估计主要有直接法和残差法。直接法 (Jäggi et al., 2009; 胡志刚等, 2011; 田英国等, 2016) 是将 PCV 视为未知参数，引入观测方程与其他动力学参数一起求解，该方法意义清晰，但计算量大且需要储存多天法方程并一同解算，对计算机的储存能力和计算能力要求较高。残差法 (Gu et al., 2016; Guo et al., 2015; Jäggi et al., 2009) 是利用精密定轨后的载波观测值残差进行提取建模，从而建立最终 PCV 模型的，该方法计算简单，容易编程实现。为消除电离层一阶项影响，采取双频无电离层 (Ionosphere-Free, IF) 组合观测值，相位观测方程为

$$L_{\mathrm{IF}}^j(t) = \frac{f_1^2}{f_1^2 - f_2^2} L_1^j(t) - \frac{f_2^2}{f_1^2 - f_2^2} L_2^j(t)$$

$$= \rho^j(t,\tau^j) + c\delta t(t) + b_{\text{IF}}^j + \delta\rho_{\text{cor}}(t) + \varepsilon_{L_{\text{IF}}}^j(t) \tag{6.5.5}$$

式中，IF 表示无电离层组合；f_1、f_2 表示不同频率载波；上标 j 表示第 j 颗卫星；τ^j 是真实的信号传播时间；$\rho^j(t,\tau^j)$ 是 GNSS 卫星和 LEO 卫星各自质量中心的距离；δt 是 LEO 卫星的钟差改正；b_{IF}^j 是无电离层组合值模糊度；$\varepsilon_{L_{\text{IF}}}^j$ 是多路径、硬件噪声等未被模型化的误差；而 $\delta\rho_{\text{cor}}$ 是一系列的相关误差改正项，表示为

$$\delta\rho_{\text{cor}}(t) = -c\delta\rho_{\text{clk}}(t,\tau^j) + \delta\rho_{\text{rel}}(t) + \delta\rho_{\text{GPS}}^j(t) + \delta\rho_{\text{LEO,IF}}(t) \tag{6.5.6}$$

式中，$\delta\rho_{\text{clk}}$ 是 GPS 卫星的钟差改正；$\delta\rho_{\text{rel}}$ 是 GPS 卫星的相对论改正；$\delta\rho_{\text{GPS}}^j$ 是 GPS 卫星天线相位中心误差改正；$\delta\rho_{\text{LEO,IF}}$ 则是 LEO 星载 GPS 天线的 PCO 误差改正。

由于在定轨中引入了精密钟差、精密星历、GPS 卫星的天线 PCO 及 PCV (igs08.atx)、地面标定的 LEO 卫星星载 GPS 天线的 PCO 等相关改正，所以不考虑 LEO 星载 GPS 天线的 PCV 改正，可获取进行误差改正后的计算值 Z_{IF}^j，则载波相位观测值残差为

$$\varphi_{\text{IF}}(e^j) \approx L_{\text{IF}}^j(t) - Z_{\text{IF}}^j(t) \tag{6.5.7}$$

经过上述改正，O-C(Observation Minus Computation，观测值-计算值) 产生差异的原因主要是未考虑 LEO 卫星的 PCV。虽然 PCV 在定轨过程中会被钟差、模糊度等参数影响，但 PCV 误差大部分都残留在载波相位观测值残差中。

将 LEO 卫星天线空间划分为 $5°\times 5°$ 的格网，如图 6.5.6 所示。获取的观测值残差将落入格网中，为获取 $[a_0, z_0]$ 格网点处的 PCV 值，将落入 $[a_{0-2.5°}, z_{0-2.5°}]$、$[a_{0+2.5°}, z_{0-2.5°}]$、$[a_{0-2.5°}, z_{0+2.5°}]$、$[a_{0+2.5°}, z_{0+2.5°}]$ 组成的阴影区域内所有的观测值残差值求取平均值视为 $[a_0, z_0]$ 格网点处的 PCV 值，以此类推，可获得共计 19×73 个格网点 PCV 值。

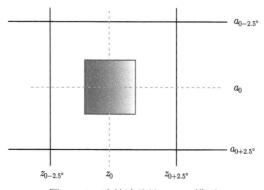

图 6.5.6 残差法估计 PCV 模型

当没有残差值落入时,为避免出现"空洞",可将该点处的 PCV 值视为 0,待有满足区域要求的残差值落入时再处理。在解算参数时,钟差、模糊度参数等会影响最终的观测值残差,因此需要多次迭代来尽可能消除此影响。因 PCV、PCO 定义在天线固定坐标系下,需通过旋转矩阵将 PCO、PCV 转换至惯性系下,再利用式 (6.5.1) 即可对测距信息进行改正。

利用 CHAMP 卫星 2008 年 5 月 1~21 日共 20 天的星载 GPS 数据,分别采用直接法和残差法得到了该卫星的在轨 PCV 模型,具体如图 6.5.7 所示。对比直接法和残差法估计出的 PCV 模型,尽管两种方法的估计原理完全不同,但两种方法估计出的 PCV 模型分布特征基本一致,这也说明了估计结果的可靠性。可以看出,两种方法估计出的 PCV 模型存在几点不同。① 直接法是将每个格网点的 PCV 视为未知参数进行估计,对每个格网点的 PCV 估计更为精细化,因此估计的 PCV 图更多地呈现斑点形状。而残差法则是利用定轨后的载波相位残差进行提取建模,将落入相应格网区间的残差求取平均值视为该格网点的

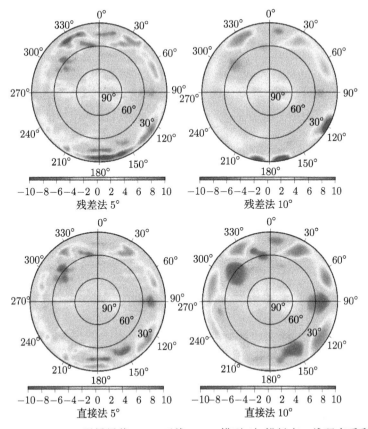

图 6.5.7　CHAMP 卫星星载 GPS 天线 PCV 模型 (扫描封底二维码查看彩图)

PCV 值,因此相邻格网的 PCV 估计值更为相似,估计的结果图呈现更多的条带形状。因此,使用残差法时应尽量保证观测值数量较多,以更完整地覆盖天线格网空间。② 为保证观测值精度,一般会设置观测值截止高度角,因此在低方位角的 PCV 估计上,两种方法估计出的 PCV 值有所差别,尤其是在方位角 $[0°, 90°]$ 以及 $[270°, 360°]$ 的低高度角区域非常明显。③ 在估计效率上,直接法存储一天的包含 PCV 信息的法方程文件大约需要 4.66 MB(二进制),而残差法存储一天的残差文件仅需要 774kB (二进制)。因此,当利用多天信息进行最终求解时,直接法需要远远高于残差法的存储空间。此外,由于直接法是在定轨过程中对每个格网的 PCV 参数进行求解,最终还要对多天的法方程进行叠加以求解最终的 PCV 模型,计算速度较为缓慢,需要占用较多 CPU。而残差法作为一种后处理解算方法,解算原理简单,编程容易实现,估计出的 PCV 模型和直接法相差无几,所以,更推荐使用残差法解算低轨卫星星载 GPS 天线 PCV 模型。

为验证 PCV 模型对于 LEO 卫星精密定轨结果的影响,采用表 6.5.5 中所列 5 种方案对 CHAMP 卫星进行定轨,结果如图 6.5.8 所示,具体统计结果见表 6.5.5。随着格网分辨率的提高,PCV 模型分布特征并未发生根本变化。虽然估计的模型更为精细化,但是也会带来计算效率下降的问题。如图 6.5.8 和表 6.5.5 所示,虽然使用不同分辨率的 PCV 模型都会给定轨结果带来精度提升,但是提升幅度并未随着分辨率的提高而提高,使用直接法和间接法解算的 PCV 模型,得到精度相近的卫星定轨精度,考虑到计算效率问题,建议使用残差法估计 LEO 卫星的 PCV 模型。

表 6.5.5　外部精密轨道对比结果统计　　　　　(单位: cm)

LEO	方案	R	T	N	3D
CHAMP	无 PCV	2.81	4.33	4.32	6.75
	残差法 5°	2.69	4.28	4.21	6.60
	残差法 10°	2.69	4.28	4.29	6.65
	直接法 5°	2.68	4.23	4.30	6.61
	直接法 10°	2.73	4.32	4.35	6.72

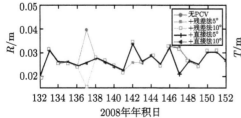
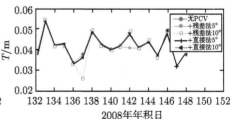

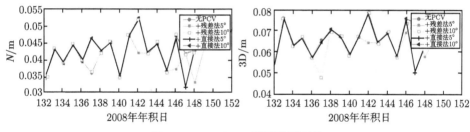

图 6.5.8　CHAMP 精密轨道对比

6.6　星载 GNSS 定轨实例

6.6.1　ZY3 卫星精密定轨

选取多天（对 ZY3-01 星，时间跨度为 2012 年年积日 190~210，共 20 天；对 ZY3-02 星，时间跨度为 2016 年年积日 223~245，共 22 天）星载 GPS 数据，对 ZY3 卫星星载 GPS 接收机进行 PCO、PCV 估计，并利用估计好的 PCO 和 PCV 结果进行卫星精密定轨。

1. PCO 估计

在 LEO 精密定轨过程中，将 PCO 作为未知参数引入观测方程，与轨道参数等一同求解，通过求取多天平均值即可获取在轨 PCO。对 ZY3-01 和 ZY3-02 的星载 GPS 天线两个频率上的 PCO 进行估计，与卫星发射前的 PCO 地面标定值进行比较，PCO 解算值在 X、Y、Z 三个方向上的变化如图 6.6.1 所示。

可以看出，两颗卫星的 PCO 变化情况并不相同，估计结果的标准差可以反映其变化的稳定程度。ZY3-01 星的 PCO 估计值在 X、Y、Z 三个方向上的 STD 分别是 3.02mm、1.86mm、5.65mm，而 ZY3-02 星则为 1.29mm、3.11mm、2.79mm，说明 02 星比 01 星更为稳定。尽管求得了两颗卫星星载 GPS 天线 PCO 上三个方向的在轨估计值，但是根据以往学者的研究成果和 6.5 节的定轨结果分析，X 及 Y 方向上 PCO 分量与经验力参数等难以分离，而仅 Z 方向上的 PCO 估计结果是可靠的。

为进一步分析地面 PCO 值和在轨估计 PCO 值对于 LEO 卫星精密定轨的影响，设计了 6 种定轨方案。方案 1 不使用任何 PCO 信息；方案 2 三个方向全部使用地面获取的 PCO 信息；方案 3 使用估计的 X 方向的 PCO 以及地面获取的 Y、Z 方向的 PCO；方案 4 使用估计的 Y 方向的 PCO 以及地面获取的 X、Z 方向的 PCO；方案 5 使用估计的 Z 方向的 PCO 以及地面获取的 X、Y 方向的 PCO；方案 6 全部使用在轨估计的 PCO 值；其他定轨策略和数据等完全一样。利用 SLR 检核手段，对这 6 种定轨方案所获取的轨道精度进行评估。

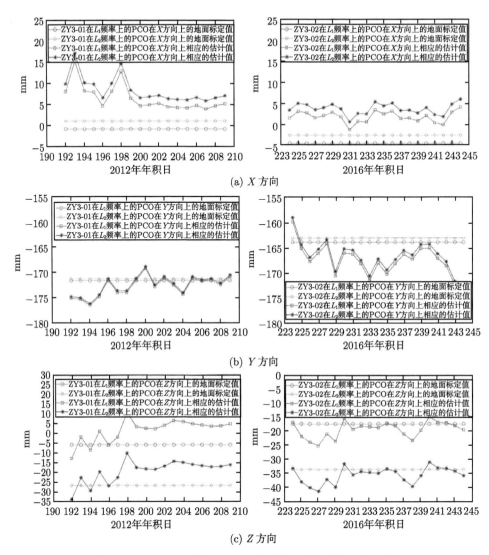

图 6.6.1 ZY3-01 星及 ZY3-02 星星载 GPS 天线 PCO 估计

关于资源卫星 SLR 检核，ZY3-01 星加入全球激光网联测，因此获取的 SLR 数据较多，但个别测站整体观测资料出现粗差 (残差在 10m 左右)，因此将这些测站的观测资料剔除。而 ZY3-02 星未加入全球激光网联测，仅中国境内的北京站、上海站、长春站承担了 SLR 观测任务，所以获取的 SLR 数据相对较少，ZY3-02 星的观测资料中有一定的系统误差 (4cm 左右)，后续处理中去除了该系统误差。由于 SLR 数据较少，利用 SLR 进行轨道精度检核时未设置截止高度角，结果如表 6.6.1。

表 6.6.1　不同方案下 ZY3-01 星及 ZY3-02 星轨道 SLR 检核结果　(单位: mm)

卫星	方案	均值	RMS
ZY3-01	1	18.237	117.974
	2	6.807	42.856
	3	7.393	42.875
	4	6.917	42.988
	5	6.133	42.525
	6	10.638	57.847
ZY3-02	1	17.111	105.713
	2	7.758	25.443
	3	8.287	25.819
	4	8.266	26.550
	5	5.698	25.044
	6	12.863	36.519

分析可知，方案 1 未考虑 PCO 时，PCO 误差对 POD 过程产生较大影响，ZY3-01 星 SLR 残差平均值为 18.237mm，RMS 值为 117.974mm，02 星则分别为 17.111mm 和 105.713mm。方案 2 考虑了地面获取的 PCO 后，两颗卫星检核结果有极大程度的提升，其中 ZY3-01 星较方案 1 均值和 RMS 分别提高了 11.430mm，75.118mm，02 星较方案 1 提高了 9.353mm，80.270mm，这也说明在精密定轨过程中，必须考虑 PCO 对精密定轨的影响。当方案 3~6 分别使用在轨估计的 X, Y, Z 方向以及全部使用三方向估计的 PCO 时，ZY3-01 星和 ZY3-02 星的四种方案相比方案 2，只有使用 Z 方向的 PCO 估计结果的定轨精度有所提高，这也验证了关于 PCO 在轨估计只有 Z 方向是可行的。从表 6.6.1 可以看出，与方案 2 相比，采用方案 5 对 ZY3 卫星进行定轨，ZY3-01 星检核结果均值和 RMS 分别提高了 0.674mm，0.331mm，ZY3-02 星检核结果提高了 2.060mm，0.399mm。因此，在后续定轨时 01 星和 02 星的 PCO 信息采用地面 X 和 Y 方向 PCO 标定值，以及在轨估计的 Z 方向的 PCO 值。

2. PCV 估计

采用直接法和间接法，按照 $10°\times 10°$ 的分辨率估计星载 GPS 天线的 PCV 模型，结果如图 6.6.2 所示。

可以看出，两颗卫星的星载 GPS 天线 PCV 模型都十分相似，这主要是由于 ZY3-01 星及 ZY3-02 星接收机系统为同一制造商，而且所处太空环境相似，这种情况类似于 GRACE-A 卫星和 GRACE-B 卫星。通过分析，两颗星的 PCV 整体量级均在 [−15mm, 15mm]，其中 ZY3-01 星 PCV 极值为 −34.42mm 和 19.33mm，ZY3-02 星 PCV 极值为 −35.94mm 和 26.41mm。极值点以及较大的 PCV 值均分布在较低的高度角 (低于 30°)，这主要是高度角过低，受到较严重的多路径影响，导致观测值精度较差。这也体现在观测值残差的分布区域上，如图 6.6.3 所示。颜色较深的色块, 即较大的观测值残差更多地分布在低高度角区域。

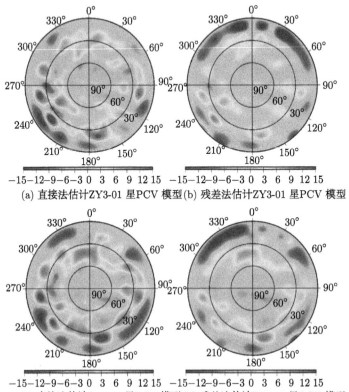

图 6.6.2 ZY3-01 星及 ZY3-02 星星载 GPS 天线 PCV 模型 ($10°×10°$) (扫描封底二维码查看彩图)

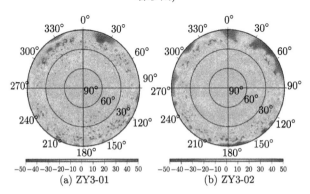

图 6.6.3 ZY3-01 星及 ZY3-02 星简化动力学定轨轨道相位观测值残差分布 (扫描封底二维码查看彩图)

3. 定轨结果

采用估计的 PCO 和残差法估计的 PCV 模型 ($10°×10°$)，对 ZY3-01 星和 ZY3-02 星进行精密定轨，定轨弧长为 30 小时，重叠弧段为 6 小时，采用重叠弧段和 SLR 数据检核两种方法对定轨精度进行评估。具体定轨策略如表 6.6.2，定轨结果见表 6.6.3。

表 6.6.2　ZY3-01 星和 ZY3-02 星定轨策略

	项目	描述
力学模型	重力场模型	EGM2008($120×120$ 阶)
	N 体摄动	JPL DE405
	相对论效应	IERS2010
	固体潮	IERS2010
	海潮	FES2004
	太阳光压	BERN 9 参数模型
	经验力	每 15min 在 R、T、N 三个方向一组
参考框架	时间系统	GPS 时
	惯性参考框架	J2000.0
	地固坐标系参考框架	ITR2008
	章动模型	IAU2000.NUT
	极移模型	IERS2000.SUB
	弧长和间隔	30h, 30s
观测值模型	GPS 数据观测值	载波和伪距非差无电离层组合 L3, 1s 采样间隔，ZY3-01 数据段为年积日 190~210(2012 年), ZY3-02 数据段为年积日 223~245(2016 年)
	GPS 轨道	CODE 最终精密轨道，15s 采样间隔
	GPS 钟差	CODE 最终精密钟差，5s 采样间隔
	姿态信息	GFZ 提供
	SLR 数据	IRLS 提供
	GPS 卫星相位模型	igs08.atx
	LEO 相位模型	PCO, PCV 在轨估计
	截止高度角	3°
估计参数	起始参数	位置和速度
	接收机钟差	每时刻估计
	模糊度参数	非差模糊度估计
	伪随机脉冲	15min 一组

表 6.6.3　ZY3-01 星和 ZY3-02 星定轨结果统计　　　　(单位：mm)

卫星	重叠弧段差异 RMS 均值				SLR 校验	
	R	T	N	3D	均值	标准差
ZY3-01	13.650	31.268	10.065	36.942	5.874	40.897
ZY3-02	12.353	18.811	10.065	27.147	3.804	24.352

6.6.2 FY-3 卫星精密定轨

定轨采用 2016 年年积日 160~169 共 10 天的星载 GPS 和 BDS 数据。卫星地面标定的 PCO 值见表 6.6.4(Zhao et al., 2017)。

表 6.6.4 FY-3C 星载 GNSS 天线地面标定 PCO　　　　　(单位: mm)

	X	Y	Z
SRF 上的 ARP	−1275.0	282.0	−983.7
在 L_1 上的 PCO	−5.0	0.0	15.0
在 L_2 上的 PCO	−3.0	0.0	15.0
在 L_3 上的 PCO	−8.1	0	15.0

与前所述, 由于 X 和 Y 方向有较多的误差以及受力学模型等因素影响较大, 并且经验力参数难以分离, 所以对提高定轨精度无益。利用星载 GPS 数据仅对 PCO 的 Z 分量进行估计, 与地面 PCO 标定结果进行比较, L_1 和 L_2 频率上的估值变化情况如图 6.6.4 所示。可以看出, FY-3C 星载 GNSS 天线 PCO 变化起伏较大, 一方面是太空环境原因; 另一方面也说明了接收机天线相位中心稳定性欠佳。采用地面 X 和 Y 方向的 PCO 以及估计的 Z 方向的 PCO 信息作为最终的 PCO 模型。

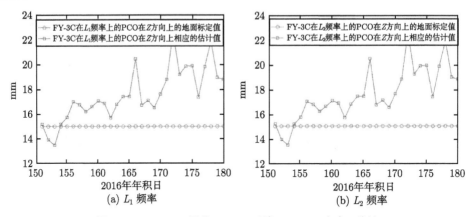

图 6.6.4 FY-3C 星载 GNSS 天线 PCO(Z 方向) 估计

固定地面 X 和 Y 方向的 PCO 以及估计的 Z 方向的 PCO 值后, 分别采用直接法和残差法解算了分辨率为 (5°×5°) 和 (10°×10°) 的 PCV 模型。如图 6.6.5 所示。该星 PCV 模型数量级较大, 在 −15~15mm, 在低方位角处更多地趋于 0, 这主要是跟具体天线的特征有关。

利用 PCO 在 X、Y 方向上的地面标定值、在 Z 方向上的估计值和估计的 PCV 模型, 对 FY-3 卫星进行了精密定轨。采用定轨残差和重叠弧段比较两种手段评估定轨精度。具体结果如图 6.6.6 和图 6.6.7 所示, 统计结果见表 6.6.5。可以看出，通过重叠弧段比较，FY-3 卫星的定轨精度在 3.5cm 左右，定轨残差 RMS 均值约为 1cm。

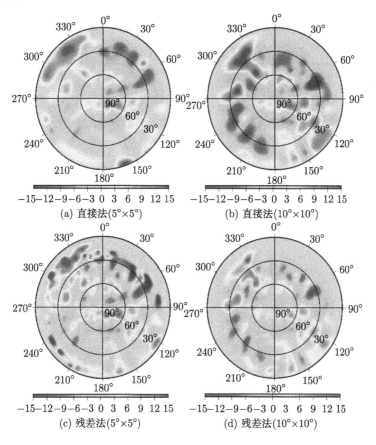

图 6.6.5 FY-3C 星载 GNSS 天线 PCV 模型 (10°×10°) (扫描封底二维码查看彩图)

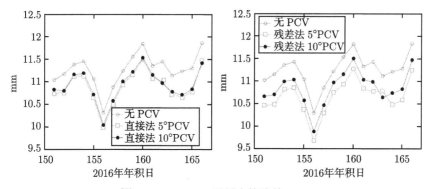

图 6.6.6 FY-3C 卫星定轨残差 RMS

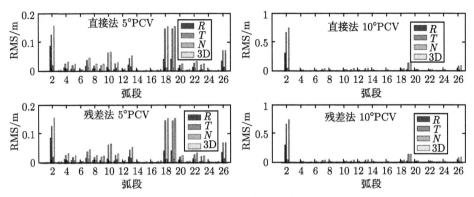

图 6.6.7 FY-3C 卫星定轨重叠弧段比较

表 6.6.5 FY-3C 卫星定轨结果统计 (单位：mm)

方案	重叠弧段差异 RMS 均值				定轨残差 RMS 均值
	R	T	N	3D	
PCO	17.085	32.793	9.196	38.827	11.443
PCO+ 直接法 5° 模型	15.450	30.215	8.027	35.943	10.879
PCO+ 残差法 5° 模型	15.188	28.988	9.315	34.614	10.672
PCO+ 直接法 10° 模型	18.581	23.815	8.604	36.845	10.921
PCO+ 残差法 10° 模型	12.273	26.127	7.735	30.785	10.863

参 考 文 献

韩保民. 2003. 基于星载 GPS 的低轨卫星几何法定轨理论研究 [D]. 中国科学院测量与地球物理研究所博士学位论文

胡志刚, 赵齐乐, 郭靖, 等. 2011. GPS 天线相位中心校正对低轨卫星精密定轨的影响研究 [J]. 测绘学报, 40(S1): 34-38

李德仁. 2012. 我国第一颗民用三线阵立体测图卫星——资源三号测绘卫星 [J]. 测绘学报, 41(3): 317-322

孟祥广, 孙越强, 白伟华, 等. 2016. 北斗卫星广播星历精度分析 [J]. 大地测量与地球动力学, 36(10): 870-873

秦显平. 2009. 星载 GPS 低轨卫星定轨理论及方法研究 [D]. 解放军信息工程大学博士学位论文

田英国, 郝金明. 2016. Swarm 卫星天线相位中心校正及其对精密定轨的影响 [J]. 测绘学报, 45(12): 1406-1412

杨霞. 2009. GNSS 数据融合关键技术研究 [D]. 山东科技大学硕士学位论文

张守建. 2009. 非差模式的卫星精密定轨及快速精密定位理论与方法 [D]. 武汉大学博士学位论文

赵春梅, 唐新明. 2013. 基于星载 GPS 的资源三号卫星精密定轨 [J]. 宇航学报, 34(9): 1202-1206.

赵春梅, 程鹏飞, 益鹏举. 2011. 基于伪随机脉冲估计的简化动力学卫星定轨方法 [J]. 宇航学报, 32(04): 762-766

周江文, 欧吉坤, 杨元喜. 1999. 测量误差理论新探 [M]. 北京: 地震出版社

朱永兴, 冯来平, 贾小林, 等. 2015. 北斗区域导航系统的 PPP 精度分析 [J]. 测绘学报, 44(4): 377-383.

Gu D, Lai Y, Liu J, et al. 2016. Spaceborne GPS receiver antenna phase center offset and variation estimation for the Shiyan 3 satellite[J]. Chinese Journal of Aeronautics, 29(5): 1335-1344

Guo J, Zhao Q, Guo X, et al. 2015. Quality assessment of onboard GPS receiver and its combination with DORIS and SLR for Haiyang 2A precise orbit determination[J]. Sci. Chin. Earth Sci., 58(1): 138-150

Jäggi A, Dach R, Montenbruck O, et al. 2009. Phase center modeling for LEO GPS receiver antennas and its impact on precise orbit determination[J]. Journal of Geodesy, 83(12): 1145-1162

Li M, Li W, Shi C, et al. 2017. Precise orbit determination of the FengYun-3C satellite using onboard GPS and BDS observations[J]. Journal of Geodesy, (4): 1-15

Montenbruck O, Garcia-Fernandez M, Yoon Y, et al. 2009. Antenna phase center calibration for precise positioning of LEO satellites[J]. GPS Solutions, 13(1): 23-34

Zhao Q, Wang C, Guo J, et al. 2017. Enhanced orbit determination for BeiDou satellites with FengYun-3C onboard GNSS data[J]. Gps Solutions, 21(3): 1179-1190

第7章 DORIS 技术卫星定轨

7.1 概 述

DORIS 是上行无线电多普勒系统通过测量卫星径向速率对卫星进行的跟踪观测。目前 DORIS 多普勒测速精度可达 0.4mm/s，新发布的 RINEX 相位观测数据精度能达到毫米级。大约每隔 10s，在轨接收机能精确地测定由地面信标机发射的无线电信号的多普勒频移，信号采用两个频率 (2036.25MHz 和 401.25MHz)，用以改正电离层影响。

在 Jason-2 上首次配备的新一代 DORIS 接收机 DGXX 有 7 个通道 (前一代接收机只有 2 个通道)，可以同时跟踪地面 7 个信标机信号 (其中第 7 个通道专门用于跟踪高度角低于 5° 的观测值)，采集的数据量是 Jason-1 卫星的两倍之多 (Auriol et al.，2010; Flavien et al.，2010)。与之对应的，DORIS 数据格式由 2.2 格式发展到与 GNSS 观测数据格式类似的 RINEX DORIS 3.0 格式，数据类型由多普勒频移 (距离变化率) 变为码观测值和相位观测值，相位观测值精度为几个毫米，由于频率越高，波长越短，测量精度越高，因而精密定轨与定位时一般采用高频相位数据。

与 DORIS 2.2 格式数据相比，3.0 格式数据的优点主要在于 (赵春梅等，2013)：① 数据量多。由于新一代 DORIS 接收机 DGXX 可以同时跟踪地面 7 个信标机信号，对应形成的 3.0 格式的 DORIS 数据文件所含的数据量是 2.2 格式数据的两倍多。② 在 3.0 格式数据中包含了大量低高度角数据 (Jason-1 卫星获得的 DORIS 2.2 格式数据的截止高度角是 12°)，该数据可用于对流层延迟等研究。③ L_1 和 L_2 两个频率上的码、相位观测数据均同步，可以直接进行电离层修正。④ 3.0 格式数据可以很快获得；而先前的 DORIS 接收机数据需要首先进行初步定轨，用以改正所有的内部仪器偏差，计算在轨时间偏差，重建 2.2 格式观测数据文件，然后才能提供给用户。在实际定轨时，可以直接使用 3.0 格式中的码和相位观测数据或者将 3.0 格式相位数据转换为 2.2 格式距离变化率数据。

7.2 观测模型

7.2.1 数据格式及转换

1. DORIS 3.0 格式

DORIS 3.0 格式与 GNSS 数据的 RINEX 格式相仿，如图 7.2.1 所示 (Auriol et al., 2010)。Phi0 和 Phi1 分别为以 10s 开始的观测序列和 3s 延迟的观测序列。L_1 表示 2036.25MHz 信号，L_2 表示 401.25MHz 信号。OBT 表示基于在轨超稳晶体振荡器控制 (USO) 的在轨时间 (原子时)，OBT offset 表示在轨时间偏差，则观测历元时间 Epoch(TAI)=OBT+OBT offset。DORIS RINEX 格式描述具体参见 IDS 网址：ftp://ftp.ids-doris.org/pub/ids/data/RINEX_DORIS.pdf。

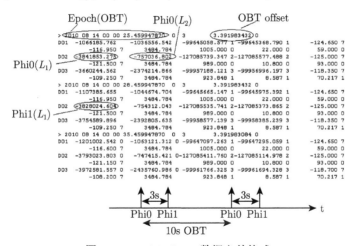

图 7.2.1 DORIS 3.0 数据文件格式

2. 数据格式转换

实际定轨中，若使用距离变化率数据作为观测量，可将 3.0 格式中的相位观测数据转换为距离变化率数据。如图 7.2.1 所示，数据文件中有两个相隔 10s 的时间序列文件，一是以 10s 开始的数据序列，另一是延后 3s 开始的时间序列。可以采用全部数据，由于相位观测数据量较大，实际定轨时也可只选择以 10s 开始的观测序列数据，对定轨精度不会造成显著影响。本章定轨仅采用 10s 开始的观测数据。

设 DORIS 两个频率分别为 f_1 和 f_2，t_i 时刻的相位观测值为 $\varphi_1(t_i)$ 和 $\varphi_2(t_i)$。则经电离层改正后，f_1 上的相位观测值为

$$\varphi'_1(t_i) = \varphi_1(t_i) + \frac{f_2}{(f_2^2 - f_1^2)} \times [f_1 \cdot \varphi_2(t_i) - f_2 \cdot \varphi_1(t_i)] \tag{7.2.1}$$

设 $t_{i+1} = t_i + \Delta t$(其中，9s$< \Delta t <$11s)，则 t_i 时刻上的距离变化率为

$$\mathrm{d}\Delta\varphi(t_i) = [\varphi'_1(t_{i+1}) - \varphi'_1(t_i)]/\Delta t \tag{7.2.2}$$

DORIS 3.0 数据量虽然很大，但很多存在粗差，在转换为 2.2 格式数据时，需根据相位观测数据中的标记 (flag) 进行取舍，进行初步预处理。由式 (7.2.2) 得到的距离变化率为平均变化率，实际定轨时需要对每一测站每一次卫星通过 (Pass) 解算一个频偏参数。

7.2.2 观测方程

DORIS 距离变化率数据的观测方程为 (Lemoine et al., 2006)

$$v_i = \frac{c}{f_{bi}}\left(f_{bi} - f_s - \frac{N_i}{\Delta t}\right) + I_i + T_i + S_i + \varepsilon_i \tag{7.2.3}$$

式中，v_i 表示卫星到测站 i 的距离变化率测量值 ($i = 1, 2, \cdots, n$)；c 表示光速；f_{bi} 表示测站发射信号的频率；f_s 表示卫星接收机的信号频率；Δt 表示采样间隔；N_i 表示 Δt 时间内的 Doppler 计数；I_i 表示电离层误差；T_i 表示对流层误差；S_i 表示卫星和测站天线质心误差；ε_i 表示随机误差。

就 DORIS 系统而言，f_{bi} 和 f_s 随着时间的推移，都在发生缓慢漂移，与设计频率之差会越来越大，而且不同测站和不同卫星的漂移速度都不相同。因为测站发射信号与卫星接收机信号的设计频率相同，设为 f，测站点频偏设为 Δf_{bi}，卫星频偏设为 Δf_s，不过 Δf_{bi} 和 Δf_s 相对于 f 来说都较小，则由式 (7.2.3) 可得

$$\begin{aligned}v_i &= \frac{c}{f + \Delta f_{bi}}\left(\Delta f_i - \frac{N_i}{\Delta t}\right) + I_i + T_i + S_i + \varepsilon_i \\ &\approx \frac{c}{f}\Delta f_i + v_{ri} + I_i + T_i + S_i + \varepsilon_i\end{aligned} \tag{7.2.4}$$

式中，$\Delta f_i = \Delta f_{bi} - \Delta f_s$；$v_{ri} = -\frac{c}{f}\frac{N_i}{\Delta t}$ 表示距离变化率的理论值。离散化可得

$$\begin{aligned}v_{ik} &= \frac{c}{f}\Delta f_{ik} + v_{rik} + I_{ik} + T_{ik} + S_{ik} + \varepsilon_{ik} \\ &= \frac{c}{f}\Delta f_{ik} + \frac{1}{\Delta t_k}[\rho_i(t_k) - \rho_i(t_{k-1})] + I_{ik} + T_{ik} + S_{ik} + \varepsilon_{ik}\end{aligned} \tag{7.2.5}$$

式中，$\Delta t_k = t_k - t_{k-1}$；$\rho_i(t_k)$、$\rho_i(t_{k-1})$ 表示 t_k、t_{k-1} 时刻卫星到测站 i 的几何距离。接收机在时刻 t_k 接收到的信号实际是测站 i 在 $t_k - \tau_{ik}$ 时刻发送的，τ_{ik} 是信号接收时刻 t_k 从测站 i 至卫星的传播时间，则有

$$\rho_i(t_k, \tau_{ik}) = \|\boldsymbol{r}^s(t_k) - \boldsymbol{r}_i(t_k - \tau_{ik})\| \tag{7.2.6}$$

7.3 定轨影响因素分析

式中，$r^s(t_k)$ 表示卫星位置，$r_i(t_k - \tau_{ik})$ 表示测站 i 的位置。信号传播时间 τ_{ik} 需要迭代计算，第 j 次迭代式为 $\tau_{ik}^j = \rho_i(t_k, \tau_{ik}^{j-1})/c$，$c$ 为光速。取 $\tau_{ik}^0 = 0$，迭代收敛条件为 $\left|\tau_{ik}^j - \tau_{ik}^{j-1}\right| \leqslant 10^{-7}$，一般经过两次迭代即可收敛 (刘俊宏，2011)。

7.2.3 误差改正

不论是 DORIS 2.2 格式的还是 DORIS 3.0 格式的数据，在实际定轨时需要消除或减弱对流层延迟、电离层折射、天线相位中心偏差以及地面测站偏心等误差的影响。DORIS 2.2 格式的测量数据文件是 DORIS 地面数据处理中心经过预处理后发布给用户的，电离层误差、对流层误差和卫星与测站的质心误差均可以直接从测量数据中获取 (赵春梅等，2013；刘俊宏，2011)。对于 DORIS 3.0 数据，可利用双频相位观测数据进行无电离层组合，削弱电离层一阶项的影响；对流层误差可以直接利用 DORIS 3.0 数据提供的对流层改正量或者对流层模型进行修正；卫星天线相位偏差需要根据星固系中 DORIS 接收机与卫星质心间的偏差与姿态转换矩阵求出各历元时刻的观测距离修正值或卫星坐标修正值，并且需对地面测站进行偏心修正。

设卫星天线相位中心相对于卫星质量中心的偏差在星固系中的偏差向量为 $\boldsymbol{\alpha}$，在历元 t 时刻，星固系与惯性系间的转换矩阵为 $R(t)$，则对 DORIS 相位观测距离的改正 (魏子卿等，1998) 为

$$\Delta\varphi_{\text{ant}}(t) = \frac{f_0}{c} \cdot \frac{(\boldsymbol{r}_s(t) - \boldsymbol{r}_D(t))}{|\boldsymbol{r}_s(t) - \boldsymbol{r}_D(t)|} \cdot R(t) \cdot \boldsymbol{\alpha} \tag{7.2.7}$$

其中，f_0 为 DORIS 信号频率，c 为光速，$\boldsymbol{r}_s(t)$、$\boldsymbol{r}_D(t)$ 分别为卫星和地面站在惯性系中的坐标 (为简化表达，忽略了信号传播时间)。

结合式 (7.2.2) 和 (7.2.7)，经 DORIS 接收机天线相位中心偏差修正后的距离变化率为

$$\mathrm{d}\Delta\varphi(t_i) = \frac{[\varphi_1'(t_{i+1}) - \varphi_1'(t_i)] + [\Delta\varphi_{\text{ant}}(t_{i+1}) - \Delta\varphi_{\text{ant}}(t_i)]}{\Delta t} \tag{7.2.8}$$

7.3 定轨影响因素分析

7.3.1 重力场模型对定轨精度的影响

本节应用 JGM-3、GGM02C、EGM96、EGM-2008、EIGEN-GL04C、ITU-GRACE16 等重力场模型对 Jason-2 卫星进行了精密定轨，以考察不同阶次的同一重力场模型和同一阶次的不同重力场模型对 DORIS 数据定轨精度的影响。

定轨过程中采用 DORIS 2.2 格式的观测数据，数据为 2016 年 3 月 1 日～2016 年 3 月 30 日共 30 天，定轨弧长选为 3 天。在数据预处理的过程中，利用观测数

据中提供的电离层延迟改正值和卫星相位中心偏差改正值改正电离层延迟误差和卫星相位中心偏差，采用对流层模型 Saastamoine 模型修正对流层延迟误差的影响，DORIS 地面信标站坐标采用 ITRF2008 框架。选取的力学模型及解算参数等见表 7.3.1。

表 7.3.1 力学模型及解算参数

摄动力及解算参数		描述
摄动力	地球重力场	ITU_GRACE16 等
	N 体摄动	DE403 星历
	大气阻力摄动	DTM94 模型
	太阳光压	Box-Wing 模型
	固体潮摄动	IERS2003 规范
	海潮摄动	CSR3.0
	广义相对论效应	模型改正
	周期性 R-T-N 摄动	经验加速度模型
解算参数	初始轨道	三维位置和速度
	大气阻力参数	8 小时解算 1 个
	T、N 方向经验摄动力	1 天估计一组
	太阳光压参数	12 小时解算 1 个
	频偏参数	每站每圈解算 1 个
	大气折射校正因子	每站每圈解算 1 个

由于海洋卫星对径向定轨精度要求较高，所以重点考察了应用不同重力场模型不同阶次时 Jason-2 卫星的径向定轨精度。将解算的轨道结果与 CNES 解算的精密轨道 (简称 SSA 轨道) 进行比较，具体统计结果见表 7.3.2。

表 7.3.2 不同重力场模型径向精度统计结果

模型	最高阶次	径向精度/cm						
		30 阶	40 阶	50 阶	60 阶	70 阶	80 阶	90 阶
JGM-3	70	4.401	1.772	1.651	1.662	1.661		
EGM-96	360	4.471	1.712	1.590	1.595	1.595	1.595	1.595
GGM02C	200	4.518	1.523	1.429	1.444	1.442	1.442	1.442
EIGEN-GL04C	360	4.571	1.505	1.392	1.405	1.404	1.404	1.404
EGM-2008	2190	4.562	1.502	1.391	1.405	1.403	1.403	1.403
ITU_GRACE16	180	4.732	1.436	1.284	1.298	1.298	1.312	1.312

可以看出，在各重力场模型展开至 50 阶时，定轨精度达到最优，其中 EGM-2008 和 EIGEN-GL04C 重力场模型对于 Jason-2 卫星的定轨精度较好，径向精度均约为 1.39cm，而 ITU_GRACE16 重力场模型在 50 阶次展开时的径向定轨精度

为 1.28cm，在所有参加计算的重力场模型中精度最高。各模型在 50 阶次时的径向定轨精度变化情况如图 7.3.1 所示。使用 ITU_GRACE16 重力场模型，卫星在 X、Y、Z 和三维位置 (3D) 方向的定轨精度见表 7.3.3。

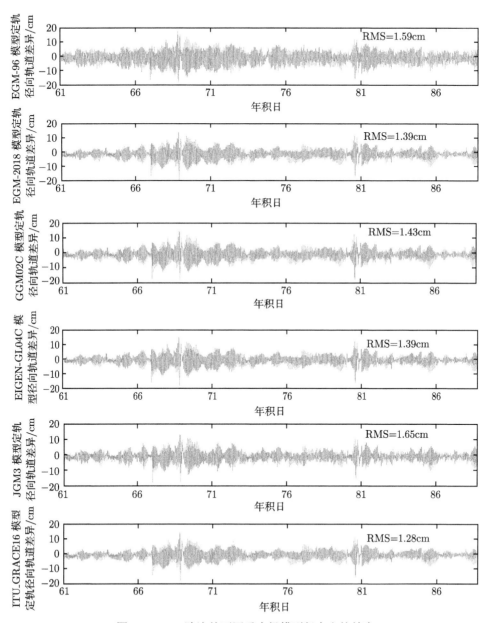

图 7.3.1　50 阶次的不同重力场模型径向定轨精度

表 7.3.3 不同阶次的 ITU_GRACE16 重力场模型定轨结果
与 SSA 轨道差异统计 (单位: cm)

阶次	X	Y	Z	3D	R
30	6.708	7.046	6.583	11.747	4.732
40	3.378	3.823	2.967	5.902	1.436
50	2.884	3.361	2.682	5.178	1.284
60	2.893	3.371	2.692	5.194	1.298
70	2.893	3.371	2.694	5.195	1.298
80	3.327	3.801	2.811	5.780	1.312
90	3.327	3.801	2.810	5.780	1.312

从表 7.3.3 可以看出，从 30 阶次 ITU_GRACE16 重力场模型到 40 阶次 ITU_GRACE16 重力场模型，Jason-2 卫星的定轨道精度有明显的大幅提高，其中径向提高了 3.3cm，三维位置提高了 5.84cm。从 40 阶次 ITU_GRACE16 重力场模型到 50 阶次 ITU_GRACE16 重力场模型，Jason-2 卫星定轨精度的提高在毫米级，径向和三维位置方向分别提高了 0.15cm、0.76cm。由此可以看出，应用 ITU_GRACE16 重力场模型 30 阶次到 50 阶次进行 Jason-2 卫星定轨，轨道精度是逐渐提高的，且三维位置精度比径向精度提高的幅度更大。而从 ITU_GRACE16 重力场模型 60 阶次、70 阶次到 80 阶次，Jason-2 卫星的定轨精度逐渐降低且趋于平缓。因此在利用 DORIS 数据进行 Jason-2 卫星定轨时，推荐使用 50 阶次的 ITU_GRACE16 重力场模型。

7.3.2 天线相位偏差模型对定轨精度的影响

DORIS 2.2 数据格式包含了各历元时刻的接收机天线相位中心偏差改正，可直接对观测距离进行修正，同时也可以根据 DORIS 接收机相位中心及卫星质心在星固系中的偏差，求解出 DORIS 接收机天线相位中心与卫星质心之间的偏差，进而对卫星坐标进行天线相位中心偏差修正。

方案 1：采用 DORIS 2.2 数据中提供的接收机天线相位中心偏差值；

方案 2：采用固定的 DORIS 接收机天线相位中心和卫星质心之间的偏差矢量模型。Jason-2 卫星星固系的坐标原点为卫星上的某一参考点：Z 轴指向地心；X 轴沿卫星本体方向，指向卫星质心；Y 轴与 X 轴和 Z 轴呈右手坐标系。DORIS 接收机相位中心和 LRA(Laser Retroreflector Array，激光反射器阵列) 光学中心及卫星质心在星固系中的偏差如表 7.3.4 所示。

在实际定轨时，需将 DORIS 接收机天线相位中心与卫星质心之间的偏差从星固系转换至 J2000.0 坐标系，具体转换关系参见文献 (Jayles et al., 2006)，然后利

7.3 定轨影响因素分析

用式 (7.2.8) 进行天线相位中心偏差修正。

表 7.3.4　仪器中心及卫星质心在星固系中的偏差

	X/mm	Y/mm	Z/mm
DORIS 2GHz	1194	−598	858
DORIS 400MHz	1194	−598	1022
LRA	1194	598	684
卫星质心	976.8	0.1	1.1

对 Jason-2 卫星的定轨采用 50 阶次 ITU_GRACE16 重力场模型，其他定轨策略同 7.3.1 节。图 7.3.2、图 7.3.3 反映了采用方案 1 和方案 2 时的定轨结果。图中横坐标为 2016 年年积日，纵坐标为与 SSA 轨道的偏差值。与 SSA 轨道相比，采用方案 1 解算的卫星轨道在 X、Y、Z 三个方向上的轨道的均方根误差分别为 3.04cm、3.15cm、2.63cm，其三维位置精度为 5.10cm；采用方案 2 解算的卫星轨道在 X、Y、Z 三个方向上的轨道的均方根误差分别为 3.83cm、3.96cm、3.09cm，其三维位置精度为 6.31cm。

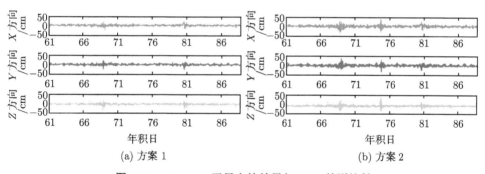

(a) 方案 1　　　　　　　　　　(b) 方案 2

图 7.3.2　Jason-2 卫星定轨结果与 SSA 轨道比较

通过上述试验结果可知，采用数据中提供的卫星相位中心偏差值修正比采用固定的矢量模型进行修正得到的定轨结果要好，这也说明 DORIS 接收机的相位中心在卫星飞行过程中变化较大，需要在事后对 DORIS 数据进行分析，构建天线相位模型，亦即相位变化图 (Phase-Map)。因此在使用 DORIS 2.2 格式数据进行精密定轨时，可优先选择使用数据中提供的相位中心偏差值进行卫星相位中心修正；由于 3.0 数据中没有天线相位中心的修正量，若想获得精确的定轨结果，需要构建天线相位模型，解算 PCO 和 PCV，具体方法可参照星载 GNSS 接收机天线 PCO 和 PCV 的构建方法。

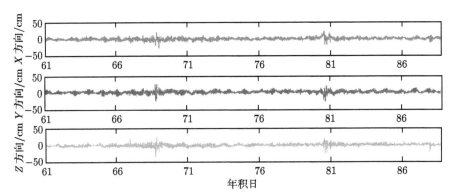

图 7.3.3　利用数据中的对流层延迟改正值修正对流层延迟定轨结果

7.3.3　对流层模型对定轨精度的影响

对流层延迟是 DORIS 测量中的主要误差源之一，其中低高度角卫星的对流层延迟影响更为严重。采用 DORIS 数据提供的对流层延迟修正值和采用 Saastamoinen 对流层模型两种方式进行对流层延迟修正，以对比两种方案对定轨精度的影响。两种修正方案均采用 Jason-2 卫星 2016 年 3 月 1~3 日时间段的 DORIS 2.2 格式数据，其他定轨策略同 7.3.2 小节。

图 7.3.2 为采用 Saastamoinen 对流层模型和数据中的天线相位偏差修正值时的 Jason-2 卫星定轨结果，将其中的对流层延迟修正改为利用数据中提供的对流层修正量时，结果如图 7.3.3 所示。解算定轨与 SSA 轨道比较，在 X、Y、Z 三个方向上的 RMS 值分别为 4.51cm、4.32cm、3.52cm，三维位置精度也由 5.10cm 下降为 7.17cm。因此在利用 DORIS 技术进行精密定轨时，不推荐使用数据中提供的对流层折射修正值进行对流层延迟修正，应该用相应的对流层模型进行修正。

7.3.4　解算 ERP 参数对定轨精度的影响

在 DORIS 数据定轨时，定轨所用地球自转参数文件通常是从 IERS 网站 (http://www.iers.org) 上直接下载的，定轨过程中并不做解算。为了考察 ERP 参数解算对定轨精度的影响，将 ERP 参数作为待求参数，与卫星初始状态等参数一并解算。观测方程在线性化的过程中需要求解观测量对于待估参数的偏导数，对于 DORIS 观测的平均距离变化率观测量，其对待估参数的偏导数矩阵与 SLR 数据对于偏导数矩阵的求解方法 (朱元兰等，2003) 类似，不同的是平均距离变化率观测量对于待估参数的偏导数矩阵，在求解完两个时间端点处的偏导数值后，需要求解该时间段的平均偏导数 (高园园，2017)。

利用 Jason-2 卫星 2016 年 3 月 1~30 日共 30 天的全球 52 个站的 DORIS 2.2 格式数据和 3.0 数据分别进行定轨，具体方案如下。

7.3 定轨影响因素分析

方案 1：采用 2.2 格式距离变化率数据，电离层折射修正采用数据中提供的修正值，对流层延迟修正采用 Saastamoinen 模型，测站及卫星 DORIS 接收机天线相位偏差修正采用数据中提供的修正值；

方案 2：采用 3.0 格式相位数据，利用式 (7.2.2) 进行格式转换，采用无电离层组合削弱电离层折射影响，对流层延迟修正采用 Saastamoinen 模型，测站及卫星 DORIS 接收机天线相位偏差修正采用模型修正。

方案 1 和方案 2 中，选择的卫星摄动力学模型及解算参数相同，见表 7.3.5。

表 7.3.5　力学模型及解算参数

项目		描述
摄动力	地球重力场	ITU_GRACE16 50 阶次
	N 体摄动	DE405 星历
	大气阻力摄动	DTM94 模型
	太阳光压	Box-Wing 模型
	固体潮摄动	IERS2010 规范
	海潮摄动	CSR3.0
	广义相对论效应	
	周期性 RTN 摄动	
解算参数	初始轨道	三维位置和速度
	大气阻力参数	8 小时解算 1 个
	T、N 方向经验摄动力	1 天估计一组
	太阳光压参数	12 小时解算 1 个
	频偏参数	每站每圈解算 1 个
	大气折射校正因子	每站每圈解算 1 个
	ERP 参数	1 天估计 1 组

加入 ERP 参数解算后获得的 Jason-2 卫星轨道与 SSA 轨道相比，方案 1 所得轨道在 X、Y、Z 三个方向上的 RMS 分别为 3.02cm、3.05cm、2.43cm，其三维位置精度为 4.82cm，径向 RMS 为 1.36cm。与不解算 ERP 参数相比，位置精度有所提高，由 5.1cm 提高到 4.82cm(图 7.3.2)。方案 2 所得轨道在 X、Y、Z 三个方向上的轨道差异的 RMS 分别为 3.46cm、3.52cm、2.67cm，三维位置精度为 5.61cm，径向 RMS 为 1.57cm。具体如图 7.3.4 和图 7.3.5 所示。

通过两种方案的对比可知，利用转换后的 DORIS 3.0 格式数据进行精密定轨，所得到的定轨精度比 2.0 格式数据得到的轨道精度稍差。分析其原因，除了数据转换过程带来的精度损失，与 DORIS 3.0 格式数据采用模型进行卫星相位中心偏差修正也有关系。但解算 ERP 参数可以提高卫星的总体定轨精度。

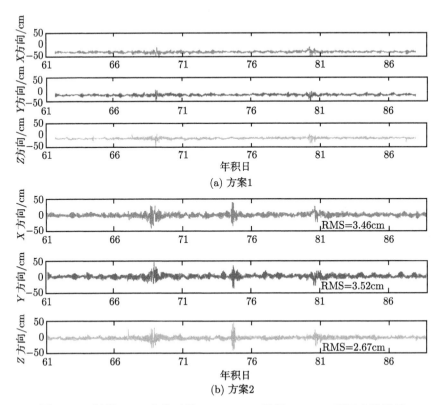

图 7.3.4 解算 ERP 参数时的 DORIS 2.2 数据 Jason-2 卫星定轨结果

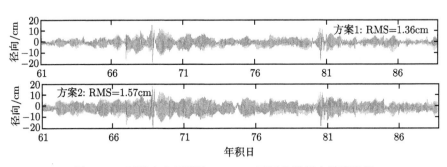

图 7.3.5 两种方案解算的 Jason-2 卫星轨道径向精度比较

7.4 多种技术综合定轨

7.4.1 综合定轨方法

不同的空间大地测量技术具有各自的特点和优势,其定轨能力不尽相同,但可以实现互补。星载 GNSS 能够做到对卫星的全覆盖,不受天气的影响,其精度依赖

7.4 多种技术综合定轨

于接收机的性能、GNSS 卫星的精密星历和钟差等因素；SLR 是单次测距精度最高的一种地基观测技术，观测精度高，误差改正明确，但其观测受天气的影响较大，地面测站分布不均匀，观测数据量少；DORIS 系统的精密定轨和精确定位是基于精确测定星载 DORIS 信号接收机接收的来自地面 DORIS 信标机发射的无线电信号的多普勒频移，属于双频多普勒方法，DORIS 观测的密集和全球均匀分布改善了以前 IERS 的全球地面观测网的不均匀性，尤其是对南半球的观测覆盖功不可没。

当卫星上配备多种观测手段时，如星载 GNSS 接收机、DORIS 接收机和 SLR 反射器时，可利用单一技术 (如星载 GNSS 技术) 实现卫星精密定轨，也可利用多种观测技术实现卫星定轨，弥补单技术或设备的不足 (如星载 GNSS 设备故障、数据不能及时下传等因素)，提高卫星定轨精度。参考多种技术求解地球参考框架的方法 (何冰, 2017)，多种技术综合定轨粗略可分为以下三种方法。

1) 基于参数水平的综合

基于参数水平的综合是对单技术求解出来的卫星轨道进行综合，评估各种技术的系统差、偏差和特性等，给出相对权重因子，结合单独解算时求出的协方差矩阵，给出综合时的协方差矩阵，通过平差或者拟合方法，得出最后的定轨解。这种综合方式可能会因为其中某种技术解引入的不合理约束或者对单技术定轨结果的权值确定不合理而降低定轨精度，其优点是不必预先对待处理数据有充分了解，而且克服了对多手段兼容软件的依赖。

2) 基于法方程水平的综合

法方程叠加是指利用不同观测技术进行单独定轨得到的相应法方程信息矩阵和权矩阵，构建综合权矩阵并对法方程进行叠加，由叠加的法方程根据一定的权重进行定轨参数解算。与上一种方法类似，该方法有可能在第一步的先验模型中或者参数化过程中引入误差继而通过综合的过程传播到其他技术中。

法方程的叠加需要解决的问题包括叠加的法方程导致了求解参数数量的增多；不同技术数据采样率的不同；坐标、时间系统不一致带来的参数、初始信息的转换；与时间有关的参数的调整；引入参数的解决方法等。因此为获得可靠的高质量的解算结果，必须解决好以下几个关键问题：叠加法方程比例因子的分配；参数或初始信息的转换；参数数量的削减；参数的约束、合并、剔除以及引入新的参数。具体如下：

① 由于解算方法、处理软件、观测技术等的不同，方差协方差矩阵会改变，比如采样率的不同造成的方差协方差矩阵的改变。可在法方程 (7.4.1) 上乘上一个比例因子 k，变为方程 (7.4.2)，以此达到相应的目的。

$$Np = b \tag{7.4.1}$$

$$kNp = kb \tag{7.4.2}$$

其中，$k = \dfrac{\delta_{\text{old}}^2}{\delta_{\text{new}}^2}$。

② 对于组合的或称为叠加的法方程，在两个不同的坐标系中，先验信息或参数必须进行相应的转换，可选用参数转换等方法。转换时，可以将先验信息或参数转换成另一种表达形式。假如进行参数 p 到 $\tilde{p}$ 的转换，有以下方程：

$$p = C\tilde{p} + c \tag{7.4.3}$$

将其引入法方程 (7.4.1)，将产生转换后的法方程，如下：

$$C^{\mathrm{T}}NC\tilde{p} = C^{\mathrm{T}}b - C^{\mathrm{T}}Nc \tag{7.4.4}$$

其中，$\tilde{N} = C^{\mathrm{T}}NC$，$\tilde{b} = C^{\mathrm{T}}b - C^{\mathrm{T}}Nc$。

③ 参数的合并是解算参数过程中需考虑的重要一步，例如，对来自不同法方程的坐标要组合成一系列的参数，如果将参数 p_i 和 p_{i+1} 组合成一个参数 p_i，则进行如下转换：

$$\begin{pmatrix} \vdots \\ p_i \\ p_{i+1} \\ p_{i+2} \\ \vdots \end{pmatrix} = \underbrace{\begin{pmatrix} 1 & \cdots & 0 & \cdots & 0 \\ \vdots & \ddots & \vdots & \ddots & \vdots \\ 0 & \cdots & 1 & \cdots & 0 \\ 0 & \cdots & 1 & \cdots & 0 \\ \vdots & \ddots & \vdots & \ddots & \vdots \\ 0 & \cdots & 0 & \cdots & 1 \end{pmatrix}}_{C} \begin{pmatrix} \vdots \\ p_i \\ p_{i+2} \\ \vdots \end{pmatrix} \tag{7.4.5}$$

对于某些参数，它们不来自法方程，但在求解时需估计一些参数，由此需在法方程中引入一些参数作为估计量，由此产生了所谓的法方程扩展。

$$p = C\tilde{p} + c \tag{7.4.6}$$

其中，p 是原始参数，$\tilde{p}$ 是参数 p 的扩展向量，$C = (I\ 0)$。

经过参数转换并引入参数后 $\tilde{N}$ 变为如下形式：

$$\begin{pmatrix} N & 0 \\ 0 & 0 \end{pmatrix} \tilde{p} = \begin{pmatrix} b \\ 0 \end{pmatrix} \tag{7.4.7}$$

3) 基于观测水平的综合

基于观测水平的综合从原始观测数据入手，对所有参与综合的技术 (GNSS、SLR、VLBI、DORIS) 的原始观测数据采用同一套软件进行统一处理，根据不同观测技术的观测精度等指标进行合理定权，并加入适当的约束求得最优轨道解。由于

7.4 多种技术综合定轨

每种观测技术的观测量不同,需要解算的参数较多,并且要求软件同时具备多类数据处理能力,该方法的实现难度较大。其关键问题之一就是如何对不同类型的观测资料进行加权,特别是对于不同单位、不同精度的观测如何给出合适的权,权选取得恰当与否将会严重影响综合定轨的精度。综合定轨中权的确定首先应根据相应观测量的观测精度确定。对于综合定轨而言,如果各种观测量的单位相同,可以类似于单技术定轨的情况,依据反映观测量精度的标准偏差或加权经验公式来给出加权矩阵。但如果单位不同,即相应观测精度的单位不统一,就不能这样简单地处理,否则可能会由于加权不当而影响定轨精度。综合定轨中权的选取,不仅依赖于各种技术的观测精度,还与观测量的多少、几何分布和几何特性有关。

7.4.2 综合定轨实例

Jason-2 卫星同时搭载了 GPS、SLR 和 DORIS 三种定轨手段,可以实现单技术定轨。本节首先采用不同手段的观测数据进行轨道计算,然后对估计的轨道进行精度评价,基于评价的结果定权,最后进行轨道叠加 (盛传贞等,2013)。单技术定轨策略如前面章节所述。

1. 轨道精度评价

综合三种技术定轨结果,需要对轨道进行精度评估。轨道精度评估采用了 SLR 验证、重叠弧段比较、外部轨道比较三种方式。

基于 SLR 检验对 2009 年 1 月 21~25 日的星载 GPS、SLR 和 DORIS 定轨结果进行了评价,SLR 观测数据高度角取 15°,并基于每天的 RMS 求均值和均方差。结果如图 7.4.1 和表 7.4.1 所示,其中表 7.4.1 为各天残差 RMS 均值和均方差统计值。通过 SLR 验证可以得出:DORIS 定轨结果优于 SLR 和 GPS 定轨结果,而星载 GPS 定轨结果较为稳定,三种手段定轨结果差异并不十分显著。基于 15° 高度角 SLR 观测值检核,星载 GPS、SLR 和 DORIS 轨道精度均在 5cm 左右。

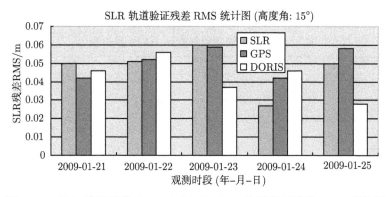

图 7.4.1 SLR 验证星载 GPS、DORIS、SLR 轨道各天残差 RMS 统计图

表 7.4.1　各天残差 RMS 均值和均方差统计表　　　　（单位：m）

	SLR	GPS	DORIS
均值	0.048	0.051	0.043
均方差	0.012	0.008	0.011

2. 重叠弧段比较

重叠弧段比较是基于独立解算轨道的部分重叠弧段进行比较，然后基于统计结果作为轨道精度评估的依据。星载 GPS、SLR 和 DORIS 的轨道重叠方式如图 7.4.2 所示。

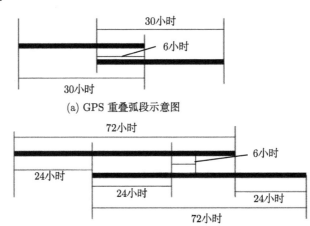

(a) GPS 重叠弧段示意图

(b) SLR/DORIS 轨道重叠示意图

图 7.4.2　SLR、DORIS 和星载 GPS 轨道重叠方式示意图

表 7.4.2 给出了重叠弧段的位置差异。通过重叠弧段比较反映出：DORIS 定轨结果要优于星载 GPS 和 SLR，且呈现比较好的稳定性，其位置差异 RMS 为 3cm 左右。

表 7.4.2　重叠弧段位置差异 RMS 统计表　　　　（单位：m）

时段	SLR	星载 GPS	DORIS
2009-01-21	0.070	0.053	0.036
2009-01-22	0.029	0.089	0.034
2009-01-23	0.026	0.086	0.022
2009-01-24	0.031	0.056	0.019
2009-01-25	0.059		0.053
均值	0.043	0.071	0.033
均方差	0.020	0.019	0.013

7.4 多种技术综合定轨

3. 外部轨道比较

外部轨道比较是轨道评估中一种重要的轨道精度评价方式。该方式通过将计算的最终轨道与其他分析中心解算的轨道进行比较,反映出基于不同软件、不同测量模型和力学模型所引起的轨道差异。

采用 JPL 公布的 Jason-2 试验阶段的轨道,该轨道是基于 GPS 数据,采用简化动力学定轨方法计算得到的,其径向精度优于 2cm。通过将 DORIS、星载 GPS 和 SLR 定轨结果分别与 JPL 简化动力学轨道进行比较,基于每天轨道差异的 RMS,可反映出轨道的相对精度。表 7.4.3 给出了位置差异 RMS。结果显示:基于外部轨道比较方式,DORIS 结果无论在精度还是稳定性方面均优于 SLR 和 GPS,其中 SLR 轨道最差,其位置差异在 14cm 左右。

表 7.4.3　三种手段与 JPL 轨道比较位置差异 RMS 统计表　　(单位: m)

时段	SLR	星载 GPS	DORIS
2009-01-21	0.136	0.098	0.084
2009-01-22	0.111	0.118	0.074
2009-01-23	0.139	0.124	0.082
2009-01-24	0.174	0.117	0.065
2009-01-25	0.137	0.120	0.068
均值	0.139	0.115	0.075
均方差	0.022	0.010	0.008

4. 轨道叠加

轨道叠加的目的是充分利用三种手段,获得更加稳定可靠的轨道结果。叠加时,首先根据轨道的评价结果,赋予不同手段轨道以权系数,然后叠加生成一组轨道解,具体叠加方法为

$$\begin{cases} P_{i,j} = \dfrac{\dfrac{1}{\delta_{i,j}}}{\dfrac{1}{\delta_{i,\mathrm{SLR}}} + \dfrac{1}{\delta_{i,\mathrm{GPS}}} + \dfrac{1}{\delta_{i,\mathrm{DORIS}}}} \\ X_{i,\mathrm{res}} = P_{i,\mathrm{SLR}} \times X_{i,\mathrm{SLR}} + P_{i,\mathrm{GPS}} \times X_{i,\mathrm{GPS}} + P_{i,\mathrm{DORIS}} \times X_{i,\mathrm{DORIS}} \\ i = X, Y, Z, \quad j = \mathrm{SLR, DORIS, GPS} \end{cases} \quad (7.4.8)$$

其中,$X_{i,j}$ 为 i 方向,j 手段的坐标值,$P_{i,j}$ 为 i 方向,j 手段的权系数,$\delta_{i,j}$ 为 i 方向,SLR 手段的 RMS。由于缺少 2009 年 01 月 25 日 GPS 重叠弧段轨道精度,因此该段数据叠加时将其权系数设置为 0。叠加后,通过将叠加的轨道与 JPL 标准轨道比较,得出其径向分量差异。此外,还采用了均值加权来进行轨道叠加,该方法假定三种手段的权完全一致。

基于四种加权方法得到的轨道与 JPL 轨道径向分量差异的 RMS 值如表 7.4.4 和图 7.4.3。可以看出，均值加权方式要略差一些，因为它是一种完全无先验信息的加权；外部轨道比较加权方式最优，但是实际中这种加权方式是不可能实现的 (基于某一轨道比较结果加权，而后再与此轨道比较)；SLR 验证和重叠弧段加权方式具有相似的精度，其径向精度优于 2cm，因此在实际应用中，可以采用 SLR 或重叠弧段加权形式。

表 7.4.4 不同加权方法径向差异 RMS 统计表　　　　　　(单位：m)

时段/加权方法	均值	重叠弧段	SLR 验证	外部轨道比较
2009-01-21	0.020	0.019	0.017	0.017
2009-01-22	0.024	0.021	0.021	0.019
2009-01-23	0.017	0.012	0.015	0.014
2009-01-24	0.019	0.014	0.017	0.015
2009-01-25	0.029	0.027	0.027	0.027
均值	0.022	0.019	0.019	0.018
均方差	0.004	0.006	0.005	0.005

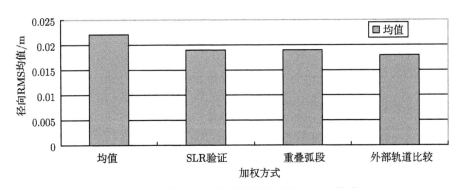

图 7.4.3 不同加权方法轨道径向差异 RMS 均值

参 考 文 献

高园园. 2017. 基于 DORIS 系统的卫星精密定轨与 ERP 参数解算. 山东科技大学硕士学位论文

何冰. 2017. 综合多种空间大地测量技术确定高精度的地球参考框架和地球定向参数研究 [D]. 中国科学院上海天文台

刘俊宏. 2011. DORIS 系统卫星定轨方法研究 [D]. 国防科技大学硕士学位论文

盛传贞, 甘卫军, 赵春梅, 等. 2013. Jason-2 卫星精密轨道确定: GPS, SLR 和 DORIS 分析 [J]. 中国科学：物理学、力学、天文学, 43(2): 219-224

魏子卿, 葛茂荣. 1998. GPS 相对定位的数学模型 [M]. 北京：测绘出版社

参考文献

赵春梅, 欧吉坤, 盛传贞, 等. 2013. 基于 DORIS 数据的 Jason-2 卫星精密定轨分析 [J]. 地球物理学进展, 28(1): 0049-0057

朱元兰, 冯初刚, 周永宏. 2003 应用 Lageos1SLR 资料解算 1990—2001 年的地球定向参数 [J]. 中国科学院上海天文台年刊, (24): 28-33

Auriol A, Tourain C. 2010. DIRIS system: the new age[J]. Advances in Space Research, 46: 1484-1496

Jayles C, Nhun-Fat B, Tourain C. 2006. DORIS: System description and control of the signal integrity[J]. Journal of Geodesy, 80(8-11): 457-472

Mercier F, Cerri L, Berthias J P. 2010. Jason-2 DORIS phase measurement processing[J]. Advances in Space Research, 45(12): 1441-1454

Lemoine J M, Capdeville H. 2006. A corrective model for Jason-1 DORIS Doppler data in relation to the sarth at lantic anomaly. Journal of Geodesy, 80(80-11): 507-523